鸿蒙
第三方组件库
应用开发实战

武延军　郑森文　朱伟　吴敬征　著

U0265064

人民邮电出版社
北京

图书在版编目（CIP）数据

鸿蒙第三方组件库应用开发实战 / 武延军等著. --
北京：人民邮电出版社，2021.12
ISBN 978-7-115-57595-1

Ⅰ. ①鸿… Ⅱ. ①武… Ⅲ. ①移动终端—应用程序—
程序设计 Ⅳ. ①TN929.53

中国版本图书馆CIP数据核字(2021)第202737号

内 容 提 要

本书通过多个精选的开源组件库，全面详尽地讲解了如何在鸿蒙操作系统下使用这些组件库实现快捷的应用开发。同时，本书详细剖析了鸿蒙操作系统组件库的实现原理，并通过一个综合应用实战帮助读者学习更加深入的应用开发知识和技巧。

本书共 7 章，主要内容包括鸿蒙操作系统的简单介绍，第三方组件库的背景和鸿蒙第三方组件的相关特性，基于第三方组件的鸿蒙应用开发流程，经典的 UI 组件、视频相关组件、实用工具组件的使用方法和实现原理，以及如何使用多个第三方组件来快速构建视频播放平台。

本书通俗易懂，循序渐进，包含详细的代码讲解和丰富的应用实战，可读性和操作性较强，是鸿蒙应用开发入门的不二之选。本书主要面向具备基本编程知识的读者，也可以作为高校教材或培训机构的参考用书。

◆ 著　　　　武延军　郑森文　朱　伟　吴敬征
　责任编辑　傅道坤
　责任印制　王　郁　焦志炜

◆ 人民邮电出版社出版发行　　北京市丰台区成寿寺路 11 号
　邮编　100164　电子邮件　315@ptpress.com.cn
　网址　https://www.ptpress.com.cn
　大厂回族自治县聚鑫印刷有限责任公司印刷

◆ 开本：800×1000　1/16
　印张：12.75　　　　　　　　2021 年 12 月第 1 版
　字数：201 千字　　　　　　2021 年 12 月河北第 1 次印刷

定价：59.90 元

读者服务热线：**(010)81055410**　印装质量热线：**(010)81055316**
反盗版热线：**(010)81055315**
广告经营许可证：京东市监广登字 20170147 号

关于作者

武延军，博士生导师，中国科学院软件研究所副总工程师，中国科学院软件研究所智能软件研究中心主任，操作系统领域学科方向带头人，研究所重点培育方向负责人，军委科技委员会重点项目专家，军委装备发展部载人航天工程软件专家。"十三五"期间，牵头组建全新的创新单元——智能软件研究中心并担任首任中心主任，该研究中心当前已形成包含 3 名正高、8 名副高在内的共 70 多人的科研团队。

郑森文，中国科学院软件研究所智能软件研究中心开源基础设施组负责人，OpenHarmony 工作委员会成员代表，华为认证 HDE（HUAWEI Developer Expert），开放原子教育认证讲师。主要研究方向为人机交互和人工智能，发表相关论文和专利共十余项，获得多项软件著作权并参与了多项国家课题项目，当前主要专注于开源软件供应链的相关研究和实践。

朱伟，哈尔滨工程大学硕士，开放原子教育认证讲师，HarmonyOS 社区"社区明星"，华为 KOL（Key Opinion Leader），现就职于中国科学院软件研究所智能软件研究中心。国内首批鸿蒙应用开发人员，具有丰富的移动端应用开发经验。曾参与多项国家科技重点研发计划课题项目，发表多篇相关论文、专利，并获得多项软件著作权。主要研究方向为开源软件供应链。

吴敬征，博士研究生导师，中国科学院软件研究所研究员，中国科学院软件研究所杰出青年科技人才。主要研究方向为开源软件供应链、人工智能安全及漏洞挖掘。在国内外期刊和会议发表学术论文 60 余篇，申请国家专利 20 余项，获得软件著作权 20 余项，主持国家自然科学基金、国家科技重点研发计划课题等 10 余项研究项目。

致　　谢

在本书的撰写过程中，有非常多的人为我们提供了帮助，在此向诸位表示真挚的感谢。

首先，感谢中国科学院软件研究所智能软件研究中心的罗天悦、杨牧天老师为本书提供的大力支持。

其次，感谢组内的小伙伴张馨心、李珂、蔡志杰，为本书的撰写以及配套资源的筹备提供了大量支持，还要感谢刘磊、赵柏屹、吴圣垚、陈丛笑、吕泽、戴研、熊轶翔、蒋筱斌、陈美汝、黎天宁、刘雨琦、马卞、胡鹏达等同学，为了保证本书内容以及代码的正确性，做了大量的稿件审读工作和代码测试验证工作。

最后，感谢人民邮电出版社的傅道坤编辑，在写作和出版过程中为我们提供的帮助。

感谢大家！

前　　言

鸿蒙操作系统（HarmonyOS）自 2019 年 8 月 9 日在华为的开发者大会上正式发布以来，就引起了广泛的关注，作为一款面向未来、面向全场景的分布式操作系统，被寄予了很大的期望。2020 年 9 月，华为在开发者大会上发布了 HarmonyOS 2.0，推出了应用开发者 Beta 版本，并在同年 12 月推出了手机开发者 Beta 版本。2021 年 6 月 2 日，华为正式发布可以覆盖手机等移动终端的 HarmonyOS 2.0，普通用户也可以升级该系统进行体验。面向市场的鸿蒙操作系统由此诞生。

作为最早一批鸿蒙应用开发人员，我们在 2020 年 6 月就投身于鸿蒙的相关工作，并且参与了包括 2020 年 9 月 10 日华为开发者大会上最早展示的鸿蒙 Demo 应用的相关开发工作。针对鸿蒙的应用生态，我们将 Android 平台上二十余款非常受欢迎的组件移植到了鸿蒙平台供广大开发者使用，相关的源码开源到 Gitee 上（链接为 https://gitee.com/isrc_ohos），并在多个社区平台上分析讲解源码。我们将鸿蒙第三方组件的应用开发知识进行梳理，希望为广大开发者提供一套系统且全面的讲解鸿蒙第三方组件的图书。除此之外，我们还对鸿蒙应用开发的基础知识进行总结，写作了《鸿蒙操作系统应用开发实践》一书，那本书更适合初学者入门鸿蒙应用开发。

鸿蒙操作系统本身在不断完善，开源代码也在不断更新，可能会出现书中代码与开源代码不符的情况，请读者持续关注 Gitee 最新信息并获取最新代码。

本书组织结构

本书针对 HarmonyOS SDK 5（Java 2.1.0.5 版本），梳理和介绍如何在鸿蒙操作系统下使用第三方组件库实现快捷的应用开发。为了让读者可以实践所学的内容，本书通过多个鸿蒙第三方组件快速开发出了一款基础功能齐全的视频播放平台供读者练习。本书分为 7 章，各章的主要内容如下。

- 第 1 章，"鸿蒙操作系统简介"：介绍移动端操作系统的现状，指出我国操作系统在发展过程中遇到的瓶颈。同时梳理鸿蒙操作系统的诞生历程，介绍鸿蒙操作系统的架构与特性。

- 第 2 章，"第三方组件简介"：介绍第三方组件的背景、起源及目前的使用情况，总结和梳理第三方组件带来的便捷性。然后介绍鸿蒙操作系统下的组件库特点和内容，指出鸿蒙操作系统作为面向未来的下一代操作系统，构建生态的重要性。

- 第 3 章，"基于第三方组件的鸿蒙应用开发"：讲解如何基于 DevEco Studio 快速搭建鸿蒙操作系统的开发环境，并正确导入第三方组件，从而快速上手鸿蒙应用开发。

- 第 4 章，"UI 组件"：讲解几个常用的经典 UI 开源组件的使用方法，并进一步介绍组件功能在鸿蒙操作系统中的实现原理。

- 第 5 章，"视频相关组件"：讲解几个常用的经典视频相关开源组件的使用方法，并进一步介绍组件功能在鸿蒙操作系统中的实现原理。

- 第 6 章，"实用工具组件"：讲解几个常用的经典实用工具开源组件的使用方法，并进一步介绍组件功能在鸿蒙操作系统中的实现原理。

- 第 7 章，"综合应用实战——视频播放平台"：以快速使用第三方组件为目标，综合性地指导读者如何通过"拿来主义"使用多个第三方组件来快速构建视频播放平台。

本书不仅讲解鸿蒙开源第三方组件的使用方法和实现原理，还简要地概括开源第三方组件的移植方法，适合具备基本编程知识的读者使用，让读者在学习如何构建更加复杂和高级的应用功能的同时，提升组件移植的能力。阅读本书并不需要遵循一定的顺序，读者可按照需要选取对应的章节进行阅读。

资源与支持

本书由异步社区出品，社区（https://www.epubit.com/）为您提供相关资源和后续服务。

配套资源

本书提供如下资源：

● 本书源代码；

● 书中彩图文件。

要获得以上配套资源，请在异步社区本书页面中单击"配套资源"，跳转到下载界面，按提示进行操作即可。注意：为保证购书读者的权益，该操作会给出相关提示，要求输入提取码进行验证。

如果您是教师，希望获得教学配套资源，请在社区本书页面中直接联系本书的责任编辑。

提交勘误

作者和编辑尽最大努力来确保书中内容的准确性，但难免会存在疏漏。欢迎您将发现的问题反馈给我们，帮助我们提升图书的质量。

当您发现错误时，请登录异步社区，按书名搜索，进入本书页面，单击"提交勘误"，输入勘误信息，单击"提交"按钮即可。本书的作者和编辑会对您提交的勘误进行审核，确认并接受后，您将获赠异步社区的 100 积分。积分可用于在异步社区兑换优惠券、样书或奖品。

扫码关注本书

扫描下方二维码，您将会在异步社区微信服务号中看到本书信息及相关的服务提示。

与我们联系

我们的联系邮箱是 contact@epubit.com.cn。

如果您对本书有任何疑问或建议，请您发邮件给我们，并请在邮件标题中注明本书书名，以便我们更高效地做出反馈。

如果您有兴趣出版图书、录制教学视频，或者参与图书翻译、技术审校等工作，可以发邮件给我们。

如果您是学校、培训机构或企业，想批量购买本书或异步社区出版的其他图书，也可以发邮件给我们。

如果您在网上发现有针对异步社区出品图书的各种形式的盗版行为，包括对图书全部或部分内容的非授权传播，请您将怀疑有侵权行为的链接发邮件给我们。您的这一举动是对作者权益的保护，也是我们持续为您提供有价值的内容的动力之源。

关于异步社区和异步图书

"异步社区" 是人民邮电出版社旗下 IT 专业图书社区，致力于出版精品 IT 技术图书和相关学习产品，为作译者提供优质出版服务。异步社区创办于 2015 年 8 月，提供大量精品 IT 技术图书和电子书，以及高品质技术文章和视频课程。更多详情请访问异步社区官网 https://www.epubit.com。

"异步图书" 是由异步社区编辑团队策划出版的精品 IT 专业图书的品牌，依托于人民邮电出版社近 30 年的计算机图书出版积累和专业编辑团队，相关图书在封面上印有异步图书的 LOGO。异步图书的出版领域包括软件开发、大数据、AI、测试、前端、网络技术等。

异步社区

微信服务号

目　　录

第 1 章　鸿蒙操作系统简介

1.1　移动端操作系统现状

随着科技的发展，人们越发追求便捷、高效的生活，移动端操作系统得以迅猛地发展。从图 1-1 中可以看出，目前发展比较好的移动端操作系统是 Android 和 iOS，其中 Android 占据了将近八成的市场份额，其他移动端操作系统仅占有极小部分。

图 1-1　移动端操作系统分布情况

Android 作为使用率比较高的开源操作系统，拥有完善的 SDK、文档和辅助开发工具。正因为此特性，任何人如个人开发者或生产厂商，都可以获得代码并随意修改，按需实现一些特别的功能。Android 的可定制性较强，开发者可以自行选择将定制后的新代码开源或闭源，这样可以最大程度地保护开发者的利益并降低开发成本。

　　然而，Android 在维护开发者和生态上表现相对较差，且尽管目前谷歌对外声称 Android 是开源的，但其实是主体开源，即最终的消费设备中会包含多个闭源的软件组件。如图 1-2 所示，Android 操作系统主要包含两大部分，即 AOSP 项目（Android 开放源代码项目）和 GMS 服务（谷歌移动服务），其真正完全开源的部分是 AOSP 项目，而 GMS 服务是闭源的。这可以理解为开发者只能通过调用 GMS 服务中的 API 来使用其功能，但不能修改核心代码实现个性化定制。并且，Android 正在将更多的项目从 AOSP 转为 GMS，将更多的已开源项目转为仅能被使用的服务。

图 1-2　Android OS 示意图

　　另一个使用率较高的移动端操作系统是 iOS，其向开发者提供了一个相对比较封闭的、有规则的生态环境，iOS 的所有软件都需要经过严格的审查；并且，iOS 能够控制产品本身和产品的运行，实现质量保证和用户体验的统一。但 iOS 是一款闭源的操作系统，核心的功能都由苹果公司内部完成，开发者不能像开发 Android 软件一样修改代码完成个性化操作，只能调用接口使用其功能。

　　可见 Android 和 iOS 这两大移动端操作系统各有利弊，它们相互竞争、促进发展，这点从图 1-3 所示的 iOS 与 Android 版本发布情况图也可以得到印证，一直以来两大操作系统争相发布新版本。因此，Android 和 iOS 长期在操作系统市场中处于领先位置。

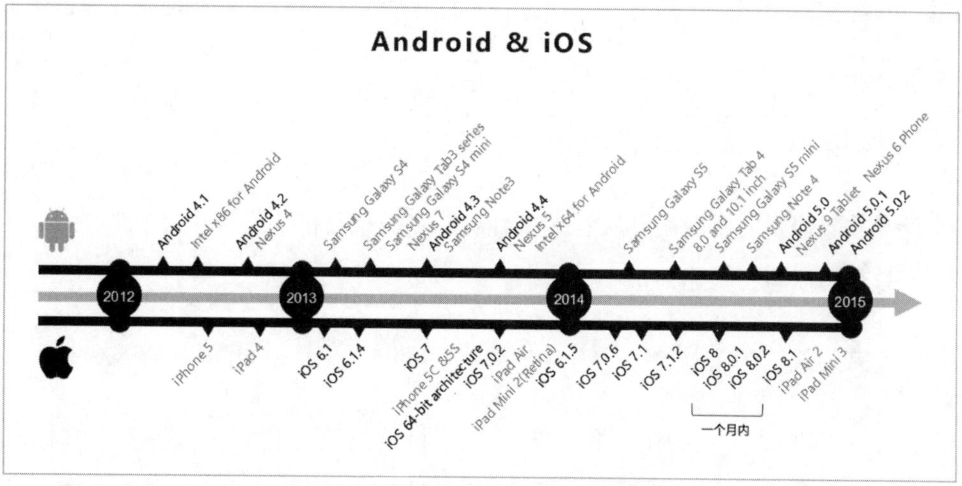

图 1-3　iOS 与 Android 版本发布情况

我们将目光转向国产操作系统，目前国产操作系统在发展过程中，遇到了以下两个瓶颈。

- 目前处理器和操作系统的格局早已稳定，对于创新的需求不再那么迫切，各方面投入这部分的资源正在逐步减少，这导致操作系统体系已经很多年没有重大变革。

- 中国面临"缺芯少魂"（芯即芯片，魂即操作系统）的情况。美国作为世界第一大经济体，在科技领域长期占据主导地位。近年来中国在 5G 通信、芯片技术和操作系统等领域的发展受到了极大的阻碍。

为了解决上述问题，近几十年来我国科技企业不断自主研发属于中国人自己的操作系统，并积极探寻操作系统相关领域的突破。从操作系统的发展历程来看，下一代操作系统有以下 4 个重点问题值得我们思考。

- 商业价值

为了区别于目前已有的操作系统，下一代操作系统需要提供新场景、新应用及新体验来实现其商业价值。开源可以为操作系统的发展提供强劲的生态支持,下一代操作系统可通过开源实现生态系统构建,但开源并不意味着公开所有成果,企业应保留部分算法作为核心竞争力。

- 权益保护

在产品技术研发时,应为开发者提供合规性庇护,并将各公司联合起来,形成全面的知识产权保障联盟,构建知识产权壁垒。

- 交互模式

从最早只有通话交互的第一代无屏模拟手机,到第二代实体按键交互模式的手机,再到如今触控交互的智能手机,可见每一代操作系统的诞生,必然伴随着新交互模式的出现。所以,下一代操作系统应当能够产生新的交互模式,以解决人们更深层次的需求。

- 生态构建

从图 1-4 可以看出,发展下一代操作系统遇到的最大的问题是生态建设问题,生态建设可以为操作系统带来更多的关注者、开发者和使用者,所以,构建全面、完善的生态(包括应用生态和软件生态)是发展下一代操作系统的重中之重。

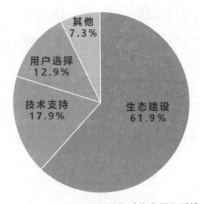

图 1-4   2019 年中国企业关于自研操作系统发展主要挑战意见调查

1.2　鸿蒙操作系统的诞生

当前的移动互联网创新，仍然局限于手机为主的单一设备，单设备的操作体验已经不能完全满足人们在不同场景下的需求，而鸿蒙操作系统（HarmonyOS）正是为万物互联而生。鸿蒙操作系统是一款"面向未来"的操作系统，一款面向全场景的分布式操作系统。本节将帮助读者梳理鸿蒙操作系统的诞生历史，并从架构和特性的角度讲解鸿蒙操作系统。

1.2.1　鸿蒙操作系统的诞生历史

早在 2012 年，华为总裁任正非表示，"华为做终端操作系统是出于战略考虑"，就此提出了鸿蒙操作系统的概念，并开始着手准备，计划将其变为现实，但这个阶段实际上只是发布了一些设计理念和构想。2016 年 5 月，"鸿蒙"正式在软件部内部立项并开始投入研发。2019 年 8 月，华为在开发者大会上正式发布 HarmonyOS 1.0，此版本已经可以支持智慧屏等 IoT 设备。

最终在 2020 年 9 月，华为发布了 HarmonyOS 2.0 版本，此版本重点升级了分布式能力，我们迎来了真正意义上的鸿蒙操作系统。此版本包括 SDK、文档、工具和模拟器，可用于大屏、手表和车机。与此同时，华为还面向应用开发者发布了 Beta 测试版。同年 12 月，华为发布了 HarmonyOS 2.0 手机开发者 Beta 测试版。2021 年 6 月 2 日，OpenHarmonyOS 2.0 全量开源发布。

鸿蒙操作系统包括 3 个部分：OpenHarmonyOS、闭源应用和华为移动服务（HMS）、其他开放源代码项目，如图 1-5 所示。

可以看出，OpenHarmonyOS（OHOS）实际上是鸿蒙操作系统的真正开源部分。OpenHarmonyOS 提供了一个组件化的操作系统，通过组合组件可以满足不同硬件设备功能的需要，并且针对设备场景做了一些组件优化；设备开发者可以根据自己的需求组合组件，从而让系统满足和适配硬件的需求。进一步地，为了方便消费者理解 OpenHarmonyOS 的广泛使用场景，华为在宣传上常常将 OpenHarmonyOS 进行 L0～L5 的划分，但这并不意味着 OpenHarmonyOS 提供了 5 个操作系统供大家选取，而是告诉大家 OpenHarmonyOS 可以通过组件化的方式很好地适配这 5 种不同类型的经典硬件场景。

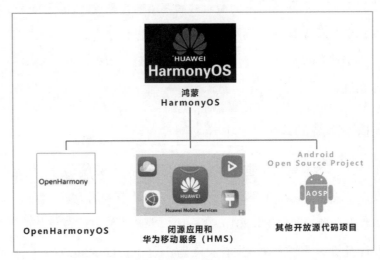

图 1-5　鸿蒙操作系统示意图

1.2.2　鸿蒙操作系统的架构与特性

鸿蒙操作系统创造性地提出了基于同一套系统能力、适配多种终端形态的分布式理念，主打"1+8+*N*"的全场景体验。它将多个物理上相互分离的设备融合成一个"超级虚拟终端"，通过按需调用和融合不同软硬件的能力，实现不同终端设备之间的极速连接、硬件互助和资源共享，为用户在移动办公、社交通信、媒体娱乐、运动健康、智能家居等多种场景下，匹配最合适的设备，提供最佳的智慧体验。

由于目前已经发布的 HarmonyOS 2.0 是华为基于 OpenHarmonyOS 开发的商用发行版，因此鸿蒙操作系统的关键核心是 OpenHarmonyOS，正如 AOSP 对于 Android 一样。所以接下来将和大家讨论的鸿蒙操作系统的架构和特性也是 OpenHarmonyOS 的架构与特性。

如图 1-6 所示的是鸿蒙操作系统架构。鸿蒙操作系统整体遵从分层设计，从下向上依次为内核层、系统服务层、框架层和应用层。

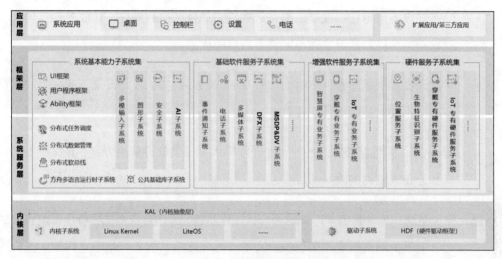

图 1-6 鸿蒙操作系统架构

其中，内核层通过屏蔽多内核差异，对上层提供基础的内核能力，包括进程/线程管理、内存管理、文件系统、网络管理和外设管理等；系统服务层是鸿蒙操作系统的核心能力集合，通过框架层对应用程序提供服务；框架层为鸿蒙操作系统的应用程序提供了 Java、C、C++、JavaScript 等多语言的用户程序框架和 Ability 框架，以及各种软硬件服务对外开放的多语言框架 API；应用层包括系统应用和第三方应用。

在了解了鸿蒙操作系统的整体架构之后，接下来看一下鸿蒙操作系统的几个显著特性及它们的优势。

● **分布式软总线**：提供统一的分布式通信能力，实现快速发现并连接设备和高效地传输任务和数据。

● **分布式数据管理**：让数据在应用跨设备运行时无缝衔接，让跨设备数据处理如同本地一样便捷。

7

- **分布式任务调度**：能够选择最合适的设备运行分布式任务，并实现多设备间的能力互助。

- **分布式设备虚拟化**：能够匹配并选择能力最佳的执行硬件，让业务连续地在不同设备间流转，充分发挥不同设备的资源优势。

- **一次开发，多端部署**：使用统一的 IDE 进行多设备的应用开发，通过模块化耦合对应不同设备间的弹性部署。

- **统一OS，弹性部署**：为各种硬件开发提供全栈的软件解决方案，并保持上层接口和分布式能力的统一。

鸿蒙操作系统作为一款前景广阔的下一代操作系统，虽然具备多样的特性以及强大的分布式能力，但是依旧需要应用生态强有力的支撑才能茁壮成长。基于这样的生态构建需求，我们的团队做了大量基于鸿蒙操作系统的开源组件库的相关工作，涵盖了组件库的使用和开发指南等。这些工作可以让开发者快速上手原生的鸿蒙应用开发，为他们提供良好的应用开发生态环境助力他们开发应用。值得说明的是，开发这些组件库使用的基本都是 OpenHarmonyOS 提供的接口，所以这些组件库不仅适用于现在的鸿蒙操作系统，未来也能适用于任何基于 OpenHarmonyOS 的操作系统。

第 2 章　第三方组件简介

2.1　何谓第三方组件

组件的概念兴起于 20 世纪初，它是近代工业发展产物，特指实现同一工序的模块的组合。组件为生产提供了模块化管理和标准化接口，提高了生产质量且降低了劳动成本。随着经济的发展，组件的概念被应用于更多的产业和领域，其在软件工程领域的应用和成就最令人瞩目。

在软件工程领域，组件是由一个或几个具有各自功能的代码段组成，其具有自己的属性和方法，属性用于访问组件内部数据，方法则是组件功能的外部接口。根据组件开发者的不同，组件可以分为第一方组件、第二方组件和第三方组件。第一方组件是由软件编制方开发，用于本项目的功能实现；第二方组件由平台提供，用于实现较为简单和基础的功能；第三方组件是由软件编制方和平台以外的其他组织或个人开发的具有特定功能的组件，可以实现更为复杂的功能。

各操作系统（Android、鸿蒙、macOS 等）都有自己的第三方组件，其中 Android 的第二方组件应用最为广泛，生态发展最为良好。接下来就以 Android 为例，揭示第三方组件在系统架构中的作用，如图 2-1 所示。

在 Android 中，第三方组件主要以 jar 包和 arr 包的形式作用于应用层，jar 包是与平台无关的文件格式，它允许将许多文件组合成一个压缩文件，arr 包是 Android 项目中的二进制归档文件，包含 class 文件和 res 文件等所有资源；jar 包适用于比较简单的类库，而 arr 包适用于包含控件布局文件和字体等资源文件的 UI 库。组件内部方法可调取开发框架层（Framework）暴露的接口，帮助应用层完成某些复杂的功能。同时，第三方组件还可以帮助数据在应用层和开发框架层之间双向传递，应用层既可以将数据从开发框架层传递给用户，也可以将用户发出的指令数据传递给开发框架层。

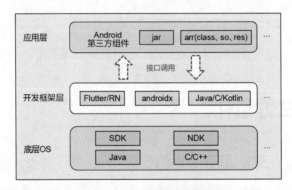

图 2-1　Android 操作系统架构图

第三方组件目前已经被广泛应用于各类 APP 的开发，图 2-2 所示为目前国内热门 APP 使用第三方组件的数量统计。这些使用率极高且口碑载道的 APP 都大量应用了第三方组件，个别 APP 使用的第三方组件的数量甚至有 100 多个。

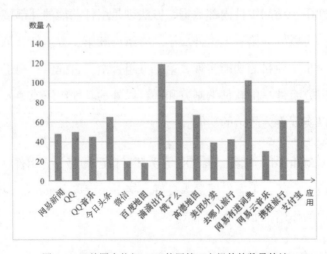

图 2-2　目前国内热门 APP 使用第三方组件的数量统计

根据可以提供的功能不同，第三方组件可以分为 12 种，依次为工具组件、UI 组件、多媒体组件、图形组件、数据库组件、维测组件、云组件、网络组件、通信组件、通知组件、跨平台框架组件和算法库组件。图 2-3 所示为国内热门 APP 中各类第三方组件的使用数量统计，从中可以看出，工具组件、UI 组件、多媒体组件的使用数量最多。

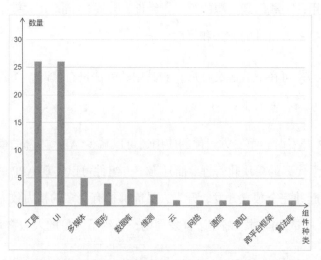

图 2-3 国内热门 APP 中各类第三方组件的使用数量统计

应用开发中使用的第三方组件，根据源代码的开放性，可以分为开源第三方组件和闭源第三方组件。

- 开源第三方组件是指在版权限制范围内，任何人都可以学习组件的源代码，甚至对其进行修改并重新发放。

- 闭源第三方组件是指使用者需与组件的版权所有方签订商业协议后才可使用，并且使用者只被许可使用计算机程序的一个二进制版本，没有组件的源代码。

闭源第三方组件涉及付费或者其他协议，不能被普通开发者使用，因此本书讲解的第三方组件均为开源第三方组件。

2.2　基于第三方组件的便捷开发

第三方组件被广泛应用于各类 APP 的开发，主要由于其使用便捷的特性，该特性主要体现在如下两个方面。

- **易于使用**：下载已经开源的第三方组件，并通过 import 关键字导入相关类，即可使用第三方组件的方法和属性。

- **易于重构**：可在下载源文件后，对其中的方法进行修改，使其实现的功能，更加符合开发者的需求。

在进行 APP 开发时，第三方组件的使用还可以减少 APP 内部的模块交叉，降低代码的耦合性，增强代码的模块化管理。而且第三方组件可以实现 APP 的基础功能，我们不再需要从零写起并完全独立开发，开发人员能够拥有更多的精力致力于主要功能的开发，在提升 APP 质量的同时，缩短了开发周期，节约了大量的人力物力。

开源第三方组件允许开发者对组件功能的实现进行优化，从而提升开源第三方组件的使用性能。经过多次优化的第三方组件，不论在技术方面还是代码规范方面，都相对成熟，能够使用更简单的代码实现复杂功能，避免代码冗余，提高代码的执行效率。

如此看来，不论如何使用第三方组件，其本身都能够带给我们更加便捷的开发体验。

2.3　鸿蒙第三方组件

鸿蒙操作系统作为一款为万物互联而生并且面向未来的下一代操作系统，是国产操作系统打破现在世界操作系统格局的希望。但是这类面向消费端电子设备的操作系统是否能走向成功，很大程度依赖于它的应用生态的构建。

值得一提的是，微软的副总裁 Joe Belfiore 在总结 Windows Phone 操作系统为什么会失败时就把原因归结在应用生态上面。因此，为了能给予鸿蒙操作系统的应用生态良好的支撑，为开发者提供完备的组件生态环境是非常重要的，我们和华为以及一些其他的单位为鸿蒙操作系统开发了大量的组件库支持相关的生态建设。

在正式开始鸿蒙操作系统组件实践和进阶的讲解前，我们将基于鸿蒙操作系统与 Android 操作系统的组件库相关系统框架的对比图介绍鸿蒙的组件库相关的特点和内容进行。

由图 2-4 可以看到，Android 和鸿蒙操作系统中第三方组件的作用一致，都是为了给应用开发提供更好的资源和支持。由于 Java 是 Android 和鸿蒙原生支持的语言，所以两个操作系统都支持 jar（Java 库）包的组件引用。但是鸿蒙并不能直接使用 Android 的 jar 包，这是因为 Android 的 Java 组件包一般都会使用 SDK 和 NDK 的接口开发 jar 包，显然鸿蒙是无法直接使用这些接口的。因为 Library Project（库项目）包含着除源码以外的项目资源文件等其他内容，所以不同的操作系统有各自独立的 Library Project 包的格式，在 Android 中是 arr 格式，在鸿蒙中则是 har 格式。

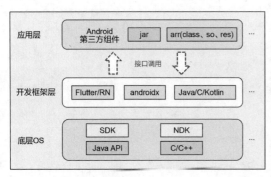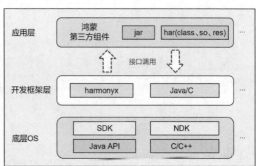

图 2-4　Android 和鸿蒙操作系统框架对比图

如果想要更深入地了解鸿蒙的组件库或者找到除了本书外更多的开源组件库资

源，可以参考我们在 Gitee 平台上开源发布的一个针对鸿蒙操作系统的 Reference 项目
（ https://gitee.com/isrc_ohos/ultimate-harmony-reference ）。该项目包括我们团队开发出来的
鸿蒙组件库在内的大量精选第三方组件，还有整理汇总的鸿蒙的图书、工具、博客教程
等，它为读者提供了一个便利的资源索引，帮助大家在学习鸿蒙的过程中减少搜索时间，
提高学习效率。不管大家是有应用开发需求还是想要深入学习鸿蒙应用开发，该项目都
是提供给大家的非常好的资源集合和学习入口。

第3章　基于第三方组件的鸿蒙应用开发

随着鸿蒙操作系统的快速发展，第三方组件的应用需求也越来越广泛。华为为我们提供了 DevEco Studio 开发工具，以适配基于第三方组件的鸿蒙 APP 的高效开发。本章将讲解在 DevEco Studio 中如何搭建鸿蒙操作系统开发环境、如何正确导入并使用第三方组件，指导如何在引用之后进行开发，从而帮助读者明确方向，快速上手。

3.1　鸿蒙开发环境搭建

在正式引用第三方组件之前，我们需要进行一些准备工作，即搭建鸿蒙开发环境，主要包括下载安装编程所需的 IDE 和 SDK、配置并管理 SDK、创建新项目并检查项目是否可以成功运行这几个步骤。接下来我们将分别进行详细的讲解。

3.1.1　安装环境要求

当前最新版本的 DevEco Studio 同时支持 Windows 和 macOS，这里以 Windows 为例。为保证 DevEco Studio 正常运行，建议电脑的配置满足以下 4 个要求。

- 操作系统：Windows 10 64 位；

- 内存：8GB 及以上；

- 硬盘：100GB 及以上；

- 分辨率：1280×800 像素及以上。

3.1.2　下载安装环境所需要的工具

在安装环境之前，需要先将所需要的工具下载安装好，开发鸿蒙 APP 需要使用的集成开发环境是 DevEco Studio。安装前需要先登录华为官网进行下载。下载完成后选择使用默认或者自定义安装路径，根据安装提示逐步进行安装即可。

3.1.3　搭建运行环境

搭建 DevEco Studio 的开发环境，需要下载 HarmonyOS SDK。DevEco Studio 提供 SDK Manager 统一管理 SDK 和工具链，在下载各种编程语言的 SDK 包时，SDK Manager 会自动下载该 SDK 包依赖的工具链，因此只需要下载使用的编程语言对应的 SDK 包即可。

SDK Manager 提供多种编程语言的 SDK 包，包括 Java SDK 包（Java 语言包）、Native SDK 包（C/C++语言包）和 JS SDK 包（JavaScript 语言包）。其中，Java SDK 在首次下载时会默认下载，Native SDK 和 JS SDK 默认不自动下载，可按需手动勾选下载。

在下载之前需要保证网络处于已连接状态，然后单击 Configure 菜单栏中的 Settings 命令，或者按下 Ctrl+Alt+S 组合键打开 Settings 配置界面。在弹出的 Settings 窗口单击左侧的 HarmonyOS SDK，在窗口右侧上方设置 SDK 存储路径（不能包含中文），再分别在 SDK Platforms 和 SDK Tools 选项卡下选择相应的版本进行下载。在 SDK 及 SDK 组件下载完成后，单击 Finish 按钮，即可在配置界面看到刚才下载的 SDK 的状态更新为 Installed（已安装），如图 3-1 所示。

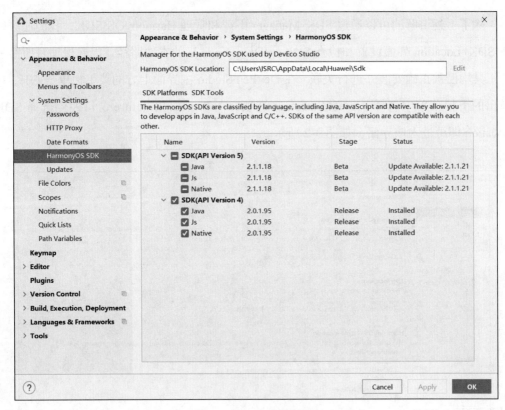

图 3-1　SDK 完成下载界面

至此，开发环境配置已完成，后续我们将讲解 DevEco Studio SDK 管理以及如何在 DevEco Studio 中创建一个项目，并通过运行项目来验证环境配置是否正确。

3.1.4　DevEco Studio SDK 管理

SDK Manager 可以实现对 HarmonyOS SDK 的下载安装和管理操作，便于开发者使用 SDK 中的 API 和各种工具，从而帮助开发者快速地完成开发。我们可以从两方面对 SDK 进行配置和管理，即 SDK Platforms 和 SDK Tools（见图 3-1）。SDK Platforms 主要提供开发需要的 API 和工具链。SDK Tools 包括 SDK 的完整开发和调试工具集。其中，Toolchains 是打包时所需的最小集工具链和 API，Previewer 是公共的内容，包括各种打包和签名的工具等。

除了上述讲解的可以通过 SDK Manager 下载和管理 HarmonyOS SDK，我们还可以在 SDK Location 界面设置和检查 SDK、JDK、Node.js 的本地路径，以确保项目所需的各工具均已被正确安装并进行关联。在 DevEco Studio 主界面上方的菜单栏单击 File，在弹出的下拉菜单中选择 Project Structure 选项，在 Project Structure 窗口左侧选择 SDK Location 即可进入该界面，如图 3-2 所示。

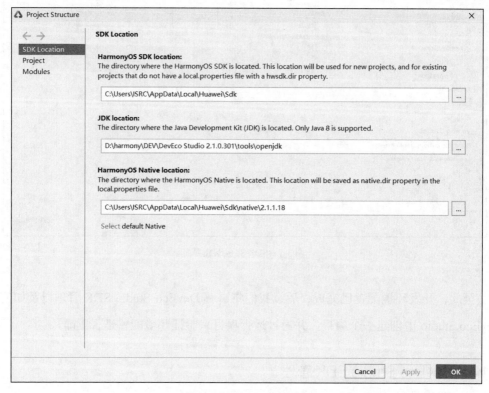

图 3-2　SDK Location 界面

3.1.5　创建项目

鸿蒙操作系统的应用开发环境搭建完成后，就可以创建项目并开发第三方组件了。创建项目需要打开工程创建向导界面，选择我们想要进行开发的设备类型和对应的 Ability 模板类型，如图 3-3 所示。

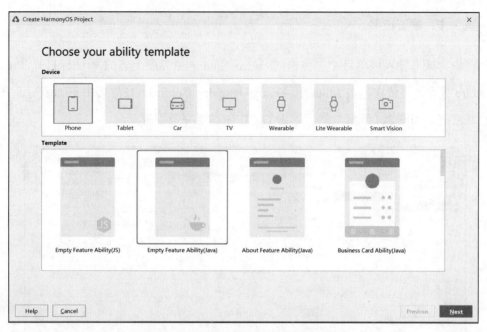

图 3-3 选择设备类型和 Ability 模板类型

然后单击 Next 按钮,在弹出的界面中输入项目自定义信息后即可完成项目的创建。

3.1.6 真机运行及预览

在完成第三方组件的开发后,我们可以使用搭载鸿蒙操作系统的手机进行真机调试,具体分为以下 3 个步骤。

第 1 步:连接真机与电脑。

第 2 步:配置证书。

第 3 步:选择真机型号并运行。

下面看一下每一个步骤的详细操作。

第 1 步:连接真机与电脑。

将真机和电脑通过 USB 接口连接,开启真机的开发者模式并选择允许调试模式。

第 2 步：配置证书。

将华为证书导入该项目中。单击 DevEco Studio 主界面上方的 ■ 图标打开 Project Structure 界面，再依次单击 Modules→entry→Signing Configs，在界面中正确填写证书的路径和密码，如图 3-4 所示。然后单击 OK 按钮即可完成配置。

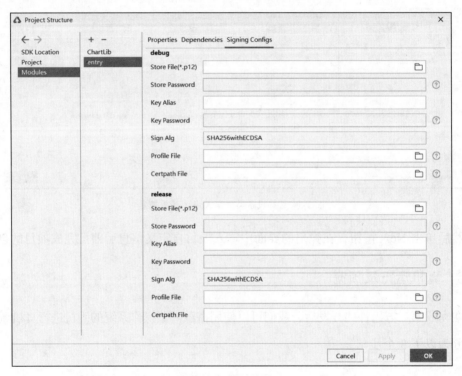

图 3-4　配置证书界面

第 3 步：选择真机型号并运行。

可以通过以下两种方式运行项目：

- 单击 DevEco Studio 主界面最上方菜单栏中的 Run，在弹出的下拉菜单中选择 Run entry 选项；

- 单击菜单栏中的 ▶ 图标。在弹出来的 Select Deployment Target 界面中选择已连接的真机型号，如图 3-5 所示。

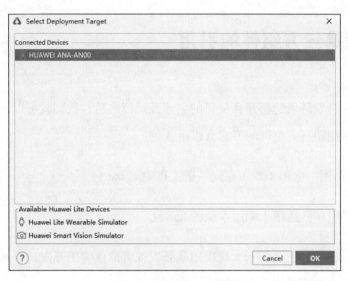

图 3-5   选择真机型号运行

单击 OK 按钮打包运行，运行成功后即可在真机上查看项目。图 3-6 所示的运行成功的界面来自于我们为本书编写的综合实战项目——视频播放平台应用。第 7 章将会对该项目进行详细介绍。

图 3-6   真机运行效果

3.2　鸿蒙第三方组件的引用

在完成鸿蒙开发环境的搭建和项目的创建及运行之后，我们就可以正式引用第三方组件了。通常引用第三方组件的方式有以下 3 种。

- har 包引用：适用于调用在同一个工程中的 har 包。

- 源文件引用：适用于调用本地的 har 包。

- Maven 仓引用：适用于大规模团队开发或者商业应用开发，可通过相关配置直接从中央仓下载第三方组件。

接下来将分别进行详细的讲解。

3.2.1　har 包引用

在运行第三方组件前，我们需要登录 Gitee 官网下载想要使用的第三方组件，然后将对应的 har 包导入 APP 项目的 entry/libs 目录下，路径如图 3-7 所示。

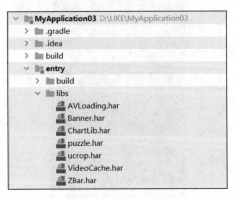

图 3-7　entry/libs 目录

当 har 包和 entry 模块在同一个工程中时，打开 entry 模块的 build.gradle 文件，在 dependencies 闭包中，添加代码如代码清单 3-1 所示。

代码清单 3-1　har 包引用添加依赖

```
dependencies {
    implementation project(":mylibrary")
}
```

添加完成后，单击 Sync Now 同步工程完成引用。

3.2.2　源文件引用

当对于想要引用的组件有修改和优化需求时，我们可以使用源文件引用的方式，把源码下载后同步进行修改。如果待引入的第三方组件是 har 包的格式，则将 har 包放到 entry 模块的 libs 目录下（此步骤在 3.2.1 节中有所介绍）。打开 entry 模块的 build.gradle 文件，在 dependencies 闭包中，添加*.har 的依赖，具体实现如代码清单 3-2 所示。

代码清单 3-2　源文件引用添加 har 包依赖

```
dependencies {
    implementation fileTree(dir: 'libs', include: ['*.har'])
}
```

如果想要引入的第三方组件是 jar 包格式，前面的步骤都与引入 har 包格式的步骤相同，则只需在添加依赖时，将 "*.har" 改为 "*.jar" 即可，具体实现如代码清单 3-3 所示。

代码清单 3-3　源文件引用添加 jar 包依赖

```
dependencies {
    implementation fileTree(dir: 'libs', include: ['*.jar'])
}
```

添加完成后，同样需要单击 Sync Now 同步工程完成引用。

使用源文件引用方式完成引用后，可以在 entry/src/main/java/com.huawei.mytestproject/slice 目录下找到相应的第三方组件源文件。其中，com.huawei.mytestproject 是项目的包名，由于每个项目的包名都不同，可根据实际情况进行查找，如图 3-8 所示。

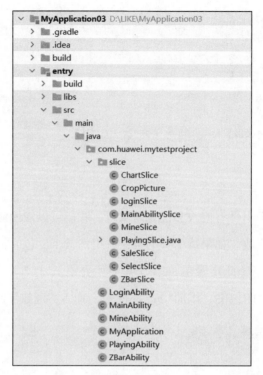

图 3-8　slice 目录

3.2.3　Maven 仓引用

通过 Maven 仓引用的方式，我们可以直接在中央仓下载想要使用的第三方组件。无论想要引用的 har 包位于本地 Maven 仓还是远程 Maven 仓，均可以采用以下方式添加依赖。

（1）在工程的 build.gradle 的 allprojects 闭包中，添加 har 包所在的 Maven 仓地址，具体实现如代码清单 3-4 所示。

代码清单 3-4　添加 har 包所在 Maven 仓地址

```
repositories {
    maven {
        url 'file://D:/01.localMaven/'   //本地或远程 Maven 仓
    }
}
```

（2）在 entry 模块的 build.gradle 的 dependencies 闭包中，添加代码如代码清单 3-5 所示。

代码清单 3-5　添加依赖

```
dependencies {
    implementation 'com.huawei.har:mylibrary:1.0.1'
}
```

上述两步添加完成后，单击 Sync Now 同步工程即可完成引用。

3.3　基于第三方组件的鸿蒙应用开发指导

在鸿蒙操作系统工程中，最重要、最核心的功能是 Ability（能力）。一个鸿蒙操作系统应用可以包含多个 Ability，其中默认的是 MainAbility。AbilitySlice 是每个界面的实例表示，用于构建 UI 界面，并通过调用 Library 的接口实现某些功能，其可以在 MainAbility 中通过配置路由的方式指定项目启动时想要展示的界面。

若要使用鸿蒙操作系统的第三方组件，则需要在 AbilitySlice 中，通过 import 关键字按需导入想要使用的第三方组件类，然后进行实例化操作。最后，使用实例化后的对象调用相关接口实现相关功能。

在具体的组件使用方式和开发方法上，各第三方组件具体的设计和接口或多或少会有所不同，因此本书后续章节将基于一些精选的组件详细介绍不同组件的使用方法，并进一步地详解鸿蒙应用开发进阶知识。

第4章 UI 组件

鸿蒙操作系统提供了很多基础的 UI 组件，可以用于完成各类较为简单的界面功能。但是，如果我们想要在鸿蒙操作系统中快捷地开发较为复杂的 UI 效果，则需要借助第三方的力量来实现，例如开源的第三方组件。这些 UI 第三方组件一般由第三方的开发者实现。他们根据不同的应用场景，对相关功能和接口进行封装，从而实现更加综合的 UI 能力和更加强大的显示效果。

本章基于 Android 的 UI 组件的使用热点，通过精选的几个常用的经典开源组件来介绍这些开源组件的使用。本章还详细介绍了组件功能在鸿蒙操作系统中的实现原理，希望读者能够基于这些开源组件进行快速的应用开发，提高自己的鸿蒙应用开发技术。

4.1 轮播组件 Banner_ohos

Banner_ohos 是鸿蒙操作系统中使用的轮播组件（又称为广告组件），它是以 Android 的轮播组件 Banner 为基础实现的。在 Banner 的基础上，我们针对鸿蒙操作系统进行了组件重构，最终成功地将其迁移到鸿蒙操作系统上，得到了 Banner_ohos 组件。

Banner_ohos 一般位于 APP 的顶部或中部，通过循环播放图片的方式对推广信息进行展示，时尚美观且节约界面，展示效果如图 4-1 所示，下文将详细介绍基于鸿蒙操作系统的 Banner_ohos 组件的功能和使用。

图 4-1　图片轮播效果

4.1.1　功能展示

Banner_ohos 组件具有轮播、标题和页码指示器功能，基于上述功能可实现广告信息的更好展现，下面具体介绍各个功能。

1. 轮播功能

Banner_ohos 组件支持图片的自动循环播放和手动滑动播放两种方式。

- **自动循环播放**：当界面没有任何操作时，Banner_ohos 内部的图片按照提前设定的时间间隔和顺序自动轮播。

- **手动滑动播放**：用户通过手指在组件处的滑动，实现图片的轮播。此时图片的播放顺序由用户的滑动方向决定，播放时间间隔由用户的滑动速度决定。

2. 标题和页码指示器功能

Banner_ohos 组件自带标题和页码指示器功能。标题用于显示图片的关键信息，页码指示器用于显示当前正在播放的图片的页码，效果如图 4-2 所示。

图 4-2　标题和页码指示器功能展示

4.1.2　使用方法

在了解了 Banner_ohos 组件的功能后，下面来看一下 Banner_ohos 组件的使用方法。由于 3.2.1 节已经讲解过 har 包的导入方法，因此这里默认已经成功导入 Banner_ohos 组件的 har 包。

1. Banner_ohos 组件的基本使用

Banner_ohos 组件的基本使用方法可分为以下 8 个步骤。

第 1 步：准备轮播图片。

第 2 步：创建整体的显示布局。

第 3 步：导入相关类并实例化对象。

第 4 步：设置 Banner_ohos 组件的 Layout 参数。

第 5 步：将图片放入 List 对象。

第 6 步：将标题放入 List 对象。

第 7 步：设置组件参数。

第 8 步：将 Banner_ohos 组件添加到整体显示布局中。

下面看一下每一个步骤涉及的详细操作。

第 1 步：准备轮播图片。

我们选择 5 张图片进行轮播展示，且这 5 张图片按照顺序命名，放置在 APP 项目的 resource/ base/media 目录下，具体位置如图 4-3 所示。

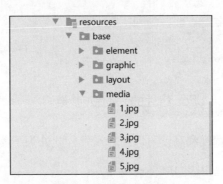

图 4-3 轮播图片的位置

ResourceTable 会扫描 resources 文件夹，并为每个资源注册一个 int 型的数值作为资源 id。

第 2 步：创建整体的显示布局。

创建一个 DirectionalLayout 的整体显示布局，宽度和高度跟随父控件变化而调整，如代码清单 4-1 所示。

代码清单 4-1　显示布局

```
private DirectionalLayout myLayout = new DirectionalLayout(this);
private DirectionalLayout.LayoutConfig layoutConfig = new DirectionalLayout.Layout
Config(ComponentContainer.LayoutConfig.MATCH_PARENT, ComponentContainer.LayoutConfig.
MATCH_PARENT);
```

第 3 步：导入相关类并实例化对象。

在 MainAbilitySlice 中，通过 import 关键字导入 Banner 类、OnBannerListener 类，并在 onStart()方法中实例化 Banner 类对象，如代码清单 4-2 所示。

代码清单 4-2　导入类并实例化对象

```
//用于实例化 Banner 对象
import com.youth.banner.Banner;
//用于图片接收点击事件
import com.youth.banner.listener.OnBannerListener;
//实例化对象
Banner banner = new Banner(this);
```

第 4 步：设置 Banner_ohos 组件的 Layout 参数。

Banner_ohos 组件的宽度和高度可以自行设置，此处为了美观，将组件的高度固定位 800px，宽度跟随父控件，如代码清单 4-3 所示。

代码清单 4-3　设置 Layout 参数

```
DirectionalLayout.LayoutConfig layoutConfig = new DirectionalLayout.LayoutConfig
(ComponentContainer.LayoutConfig.MATCH_PARENT, 800);
```

第 5 步：将图片放入 List 对象。

创建一个 List，用于承载选择的图片。通过 ResourceTable 获取每个图片的资源 id，通过 List 的 add()方法将 5 张图片添加到创建的 List 中，如代码清单 4-4 所示。

代码清单 4-4 图片放入 List

```
List<Integer> list=new ArrayList<>(); //将 5 张图片提前放入 List
list.add(ResourceTable.Media_1);
list.add(ResourceTable.Media_2);
list.add(ResourceTable.Media_3);
list.add(ResourceTable.Media_4);
list.add(ResourceTable.Media_5);
```

第 6 步：将标题放入 List 对象。

再创建一个 List，用于承载图片的标题。为每一张选择的图片设定一个标题，通过
List 的 add()方法将 5 个标题添加到创建的 List 中，如代码清单 4-5 所示。

代码清单 4-5 标题放入 List

```
List<String> title=new ArrayList<>(); //将 5 个标题提前放入 List
title.add("蓝色夹克");
title.add("圆您星梦");
title.add("拳击");
title.add("红色法拉利大促销");
title.add("边看边买");
```

第 7 步：设置组件参数。

这一步是 Banner_ohos 组件使用的核心，我们需要将上述几个步骤准备的图片
List、标题 List 设置到组件中，同时对组件的显示风格（BannerStyle）、标题大小
（TitleTextSize）、轮播间隔时间（DelayTime）、图片模式（ScaleType）等属性进行设置。

```
banner.setImages(list).setBannerTitles(title).setScaleType(3).setDelayTime(3000).se
tBannerStyle(5).setTitleTextSize(60).start();
```

若不设置后 4 个属性，则直接使用默认值。属性设置完成后，通过 start()方法完
成组件的启动。

第 8 步：将 Banner_ohos 组件添加到整体显示布局中。

在 Banner_ohos 组件启动后，需要将其添加到整体显示布局 myLayout 中。同样整体显示布局 myLayout 也需要通过 super.setUIContent() 方法进行设置，才能生效并成功显示。

```
myLayout.addComponent(banner);
super.setUIContent(myLayout);
```

2. Banner_ohos 组件的点击事件

在使用 Banner_ohos 组件的过程中，我们可以给图片增加点击事件，当用户对界面内容感兴趣时，可通过手指进行点击，图片会链接到其他展示界面，效果如图 4-4 所示。

图 4-4　图片支持点击事件的效果（左图为点击前效果、右图为点击后效果）

想实现上述功能，只需要在第 4 步和第 5 步之间增加一个设置监听的步骤即可，如代码清单 4-6 所示。此处为避免代码重复过多，只为部分图片设置了监听。

代码清单 4-6　点击事件

```
banner.setOnBannerListener(this);
@Override
```

```
public void OnBannerClick(int position) {
    if (position == 0){    // "蓝色夹克" 所在图片
        present(new forthAbilitySlice(),new Intent());
    }
    if (position == 2){    // "红色法拉利大促销" 所在图片
        present(new fiveAbilitySlice(),new Intent());
    }
    if (position == 3){    // "拳击" 所在图片
        present(new SecondAbilitySlice(),new Intent());
    }
}
```

4.1.3　拓展进阶

本节将介绍 Banner_ohos 组件的图片轮播原理和指示器构建原理，以及 Banner_ohos 组件在鸿蒙和 Android 中的区别。

1. 图片的轮播原理

图片轮播又称为图片的循环播放，其原理示意如图 4-5 所示。

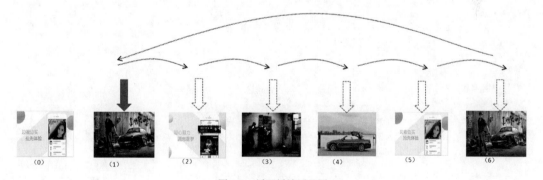

图 4-5　循环播放原理图

从图 4-5 中可以看到，图片（1）到图片（5）是我们载入组件的 5 张原图，将图片（1）复制到图片（6）的位置，这样一来，图片（1）和图片（6）相同。当组件循环播放时，会依次播放图片（1）到图片（5），并为每张图片设置停留时间；当播放到图片（6）

时，不设停留时间，直接跳转到图片（1）进行播放，而且由于图片（1）和图片（6）相同，此时用户肉眼看不出图片的转换。同样，我们需要将图片（5）复制到图片（0）的位置，以应对在手动滑动模式下，用户向左滑动图片的情况。

采用上述循环播放原理，图片（5）和图片（1）的切换效果为滑动播放效果。若不采用上述原理，播放完图片（5）后直接跳转到图片（1）进行播放，会导致两张图片出现闪现播放的效果，与前 4 张图片的切换效果不一致，所以此处需要使用图 4-5 所示的循环播放原理，具体实现如代码清单 4-7 所示。

代码清单 4-7　循环播放

```
switch (state) {
    case 0:      // 无任何操作时
        if (currentItem == 0) {                       //播放第 0 张时
            viewPager.setCurrentPage(count, true); //跳转到第 5 张播放
        } else if (currentItem == count + 1) {        //播放第 6 张时
            viewPager.setCurrentPage(1, true);        //跳转到第 1 张播放
        }
        break;
    case 1:      //开始滑动时
        if (currentItem == count + 1) {
            viewPager.setCurrentPage(1, true);
        } else if (currentItem == 0) {
            viewPager.setCurrentPage(count, true);
        }
        break;
    case 2:      //结束滑动
        break;                                        //不再执行任何操作
}
```

2. 指示器的构建方法

鸿蒙的 Banner_ohos 组件的指示器可以分为 5 种：圆形指示器、数字指示器、数字指示器和标题、圆形指示器和标题（垂直显示）、圆形指示器和标题（水平显示）。

此处以圆形指示器为例，讲解指示器的构建方法。我们规定圆形指示器中的黑色圆形表示当前图片为选中状态，红色圆形表示当前图片为未选中状态。

（1）指示器初始化

当组件开始运行时，把第一张图片所在的圆点，通过设置背景的方法 setBackground()，设置为黑色表示选中状态 mIndicatorSelectedResId，其余的圆点以同样的方法设置为红色表示未选中状态 mIndicatorUnselectedResId，如代码清单 4-8 所示。

代码清单 4-8　指示器初始化

```
if (i == 0) {
    //初始状态播放第一张图片
    params= new DirectionalLayout.LayoutConfig(mIndicatorSelectedWidth, mIndicator
SelectedHeight);
    //圆点的背景设置为黑色表示选中状态
    component1.setBackground(ElementScatter.getInstance(getContext()).parse(mIndicator
SelectedResId));
}
else {
    //除第一张以外的其他图片
    params
    = new DirectionalLayout.LayoutConfig(mIndicatorWidth, mIndicatorHeight);
    //圆点的背景设置为红色表示未选中状态
    component1.setBackground(
    ElementScatter.getInstance(getContext()).parse(mIndicatorUnselectedResId));
}
```

（2）指示器更新

当图片轮播到下一张时，指示器状态更新，新播放的图片所在的圆点，通过设置背景的方法 setBackground()，设置为黑色表示选中状态 mIndicatorSelectedResId，其余的圆点以同样的方法设置为红色表示未选中状态 mIndicatorUnselectedResId，如代码清单 4-9 所示。

代码清单 4-9 指示器更新

```
//将上一张图片所在的圆点设置为红色未选中状态
indicatorImages.get((lastPosition - 1 + count) % count).setBackground( ElementScatter.
getInstance(getContext()).parse(mIndicatorUnselectedResId));
indicatorImages.get((lastPosition - 1 + count) % count).setLayoutConfig(Unselectedparams);
//将正在播放的图片所在的圆点设置为黑色选中状态
indicatorImages.get((position - 1 + count) % count).setBackground( ElementScatter.
getInstance(getContext()).parse(mIndicatorSelectedResId));
indicatorImages.get((position- 1 + count) % count).setLayoutConfig(Selectedparams);
```

3. Banner 组件在鸿蒙和 Android 中的区别

鸿蒙 Banner_ohos 组件在移植的时候，大部分采用 API 直接替换的方式，将原来 Android 的 API 替换为鸿蒙的 API，例如使用鸿蒙的 PageSlider 类替换 Android 的 ViewPage 类。

4.2 加载动画组件 AVLoadingIndicatorView_ohos

服务器加载数据有时需要等待一段时间，加载动画可以缓解用户等待过程中的焦虑情绪，使等待过程变得更加友好、流畅。

AVLoadingIndicatorView_ohos 是鸿蒙操作系统中使用的加载动画组件，它是以 Android 的加载动画组件 AVLoadingIndicatorView 为基础实现的。在 AVLoadingIndicatorView 的基础上，我们针对鸿蒙操作系统进行了组件重构，最终成功地将其迁移到鸿蒙操作系统上，得到了 AVLoadingIndicatorView_ohos 组件。下文将详细介绍基于鸿蒙操作系统的 AVLoadingIndicatorView_ohos 组件的功能和使用。

4.2.1 功能展示

AVLoadingIndicatorView_ohos 组件具有动画显示和动画控制两种功能。

- 动画显示功能是指通过不同的图形、颜色、变换等达到不同的视觉效果。

- 动画控制功能是指通过按钮触发控制动画的启动或者停止、隐藏或者显示。

下面具体介绍各个功能。

1. 动画显示效果

根据不同的视觉效果，鸿蒙平台 AVLoadingIndicatorView_ohos 的动画共有 21 种，可分为 6 行 4 列，如图 4-6 所示。

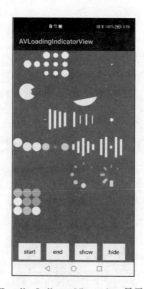

图 4-6   AVLoadingIndicatorView_ohos 显示效果示意图

动画效果的对应名称（从左至右）如下。

- 第 1 行：BallPulseIndicator、BallGridPulseIndicator、BallClipRotateIndicator、BallClipRotate PulseIndicator。

- 第 2 行：PacmanIndicator、BallClipRotateMultipleIndicator、SemiCircleSpinIndicator、BallRotateIndicator。

- 第 3 行：BallScaleIndicator、LineScaleIndicator、LineScalePartyIndicator、BallScale

Multiple Indicator。

- 第 4 行：BallPulseSyncIndicator、BallBeatIndicator、LineScalePulseOutIndicator、LineScale PulseOutRapidIndicator。

- 第 5 行：BallScaleRippleIndicator、BallScaleRippleMultipleIndicator、BallSpinFade LoaderIndicator、LineSpinFadeLoaderIndicator。

- 第 6 行：BallGridBeatIndicator。

2. 动画控制效果

AVLoadingIndicatorView_ohos 组件支持对各加载动画的效果进行控制，控制类型分为 4 种：动画启动、动画停止、动画显示和动画隐藏。用户可以通过触发不同按钮来显示对应的效果。

动画启动和动画停止相互关联，二者用于控制动画是否运行；动画显示和动画隐藏相互关联，二者用于控制动画是否出现。其中，因动画启动和动画停止效果不易于通过静态图片的形式展现，此处仅给出动画显示与动画隐藏效果，如图 4-7 和图 4-8 所示。

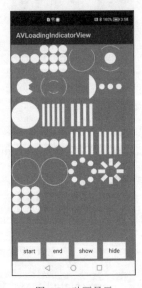

图 4-7 动画显示

图 4-8　动画隐藏

4.2.2　使用方法

在了解了 AVLoadingIndicatorView_ohos 组件的功能后，接下来我们看一下该组件的使用方法。由于 3.2.1 节已经讲解过 har 包的导入方法，因此这里默认已经成功导入 AVLoadingIndicatorView_ohos 组件的 har 包。

AVLoadingIndicatorView_ohos 组件的基本使用方法可分为以下 3 个步骤。

第 1 步：导入 AVLoadingIndicatorView 类。

第 2 步：将动画添加到整体显示布局 Layout 中。

第 3 步：添加 4 个 Button 按钮并设置 Click 监听事件。

下面来具体看一下。

第 1 步：导入 AVLoadingIndicatorView 类。

在 MainAbilitySlice 中，通过 import 关键字导入 AVLoadingIndicatorView 类，并实例

化一个 AVLoadingIndicatorView 类的 List 对象用来存放各动画组件的对象。

```
import com.wang.avi.AVLoadingIndicatorView;
private ArrayList<AVLoadingIndicatorView> animatorList=new ArrayList<>();
```

第 2 步：将动画添加到整体显示布局 Layout 中。

以动画 BallPulseIndicator 为例进行讲解。首先设置动画组件的相关 UI 属性如宽度、高度及背景，属性设置具体实现如代码清单 4-10 所示。

代码清单 4-10　属性设置

```
// 设置 BallPulseIndicator 组件的相关 UI 属性
ballPulseIndicator.setLayoutConfig(ballPulseIndicatorConfig);
ballPulseIndicator.setHeight(250);
ballPulseIndicator.setWidth(250);
ballPulseIndicator.setBackground(commonElement);
```

之后需要将动画添加到整体显示布局 myLayout 中，并通过 List 类的 add()方法将动画的对象添加到创建的 List 对象（即 animatorList）中，添加对象具体实现如代码清单 4-11 所示。

代码清单 4-11　添加对象

```
//将 BallPulseIndicator 的对象添加到 Layout
myLayout.addComponent(ballPulseIndicator); //BallPulseIndicator 添加到 Layout
animatorList.add(ballPulseIndicator); //BallPulseIndicator 对象放入 List
```

第 3 步：添加 4 个 Button 按钮并设置 Click 监听事件。

在界面中添加 4 个 Button 按钮用来同时控制所有动画，分别实现启动、停止、隐藏和显示的效果。之后设置各按钮的 Click 监听事件，通过 for 循环遍历 animatorList 中的每一个动画对象。以"启动"效果为例，调用每个对象的 start()方法，达到动画启动的效果。其他三种效果同理，在相应的 Click 监听事件的循环遍历中，调用 stop()、hide()、show()方法即可。监听事件具体实现如代码清单 4-12 所示。

代码清单 4-12 监听事件

```
//设置监听
startBtn.setClickedListener(component->startAllAnimator(animatorList));
//启动
private void startAllAnimator(ArrayList<AVLoadingIndicatorView>
avLoadingIndicatorViews){
    for (int i = 0; i < avLoadingIndicatorViews.size(); i++) {
        avLoadingIndicatorViews.get(i).start();//启动
    }
}
```

4.2.3 拓展进阶

通过学习 4.2.2 节，我们已经可以对 AVLoadingIndicatorView_ohos 的动画进行显示和控制操作了，接下来学习当现存动画不满足需求时，我们如何绘制自己的动画。最后总结 AVLoadingIndicatorView_ohos 组件在移植时的重点方法，以方便读者移植自己的组件。

1. 动画绘制

图 4-6 中的各类动画都是使用 Canvas 类完成的，每个动画效果的绘制都需要执行以下 3 个步骤。

第 1 步：初始化设置。

第 2 步：动画绘制。

第 3 步：动画参数设置。

下面以动画 BallPulseIndicator 类为例进行详细介绍。

第 1 步：初始化设置。

通过调用 setPaint()方法来设置画笔，通过调用 setBound()方法来设置动画边界。

完成初始化工作后，就可以进行动画内容绘制了。初始化设置的具体实现如代码清单 4-13
所示。

代码清单 4-13　初始化设置

```
public BallPulseIndicator(Context context) {
    super(context);
    Component.DrawTask task = (component, canvas) -> {
        setPaint(); //设置画笔
        setBound(); //设置动画边界
        draw(canvas,getPaint()); //内容绘制
    };
    addDrawTask(task);
}
```

第 2 步：动画绘制。

通过 draw()方法在画布上绘制动画的样式。由于 BallPulseIndicator 动画主体是三个
圆，第二个圆和第三个圆均是由前一个圆平移得到，因此要设置每两个圆之间的距离，
以及圆的半径大小等属性。动画绘制具体实现如代码清单 4-14 所示。

代码清单 4-14　动画绘制

```
public void draw(Canvas canvas, Paint paint) {
    float circleSpacing=4; //设置圆之间距离
    float radius=(Math.min(getWidth(),getHeight())-circleSpacing*2)/6;
    //设置圆的半径大小
    float x = getWidth() / 2-(radius*2+circleSpacing); //圆心的 x 轴坐标
    float y = getHeight() / 2; //圆心的 y 轴坐标
    for (int i = 0; i < 3; i++) {
        canvas.save();
        float translateX=x+(radius*2)*i+circleSpacing*i; //平移后新圆心的 x 轴坐标
        canvas.translate(translateX, y);
        canvas.scale(scaleFloats[i], scaleFloats[i]); //缩放效果绘制
        canvas.drawCircle(0, 0, radius, paint); //绘制圆
```

```
        canvas.restore();
    }
}
```

第 3 步：动画参数设置。

在 onCreateAnimators()方法中，设置具体的动画参数，包括动画的持续时间、重复次数、启动延迟时间、缩放和旋转等（BallPulseIndicator 只涉及缩放而无旋转）。参数设置具体实现如代码清单 4-15 所示。

代码清单 4-15　参数设置

```
public ArrayList<AnimatorValue> onCreateAnimators() {
    ArrayList<AnimatorValue> animators=new ArrayList<>();
    int[] delays=new int[]{120,240,360};  //设置三个圆的延迟时间
    for (int i = 0; i < 3; i++) {
        final int index=i;
        AnimatorValue scaleAnim=new AnimatorValue();  //值动画
        scaleAnim.setDuration(750);  //动画持续时间
        scaleAnim.setLoopedCount(-1);  //动画无限次重复
        scaleAnim.setDelay(delays[i]);  //每个圆的延迟时间
        addUpdateListener(scaleAnim, (animatorValue, v) -> {
            scaleFloats[index] = v; //控制缩放
            invalidate(); //刷新界面
        });
        animators.add(scaleAnim);
    }
    return animators;
}
```

2. 移植方式

一般移植 AVLoadingIndicatorView_ohos 组件采用两种方式：API 直接替换和方法重写。

- **API 直接替换**：在 Android 中使用 ValueAnimator 类设置加载动画的属性，移植之后其功能主要基于鸿蒙的 AnimatorValue 类实现。这两个类中各自的方法名也不同，在进行鸿蒙化迁移时需要根据功能逐一替换。例如，鸿蒙中使用 setLoopedCount()方法替换原 setRepeatCount()方法来设置动画重复次数。

- **方法重写**：鸿蒙的 AnimatorValue 类相比 Android，缺少很多接口，所以需要调用这些接口实现部分复杂动画时，就只能采用方法重写的方式，这也是移植中的主要难点。如 Android 中用 ValueAnimator.ofFloat(1,0.5f,1)来设置动画的属性值从 1 到 0.5f，再从 0.5f 到 1 的两次变化，实现动画的运行效果，而鸿蒙中缺少该接口，属性值只能在 0 到 1 之间单次变化，无法实现动画的完美效果，需要进行功能重写，此部分具体实现如代码清单 4-16 所示。

代码清单 4-16　方法重写

```
public void onUpdate(AnimatorValue animatorValue, float v) {
    if(v<=0.5f)
        scaleFloats[index] =1-v;
    else
        scaleFloats[index] = v;
    invalidate();
}
```

4.3　进度轮组件 ProgressWheel_ohos

进度轮是 UI 界面中常见的组件，通常用于向用户显示某个耗时操作完成的百分比，例如加载状态、下载进度、刷新网页等。进度轮可以动态地显示操作进度，避免用户误以为程序失去响应，从而更好地提高用户界面的友好性。

ProgressWheel_ohos 是鸿蒙操作系统中使用的进度轮组件，它是以 Android 平台的进度轮组件 ProgressWheel 为基础实现的。在 ProgressWheel 的基础上，我们针对鸿蒙操作系统进行了组件重构，最终成功地将其迁移到鸿蒙操作系统上，得到了 ProgressWheel_ohos 组件。下文将详细介绍基于鸿蒙操作系统的 ProgressWheel_ohos 组件的功能和使用。

4.3.1　功能展示

ProgressWheel_ohos 组件具有旋转和进度增加两种功能。旋转功能是指组件中象征着加载进度的片段呈圆周形旋转。进度增加功能是指通过按键触发使组件中象征着加载进度的片段增加。下面具体介绍各个功能。

1. 旋转

点击 Start spinning 按钮，此时进度轮会开始旋转，在旋转过程中按钮上的 Start spinning 变成 Stop spinning，用户可以随时点击 Stop spinning 按钮停止旋转，效果如图 4-9 所示。进度轮旋转功能主要用于展示服务器正在加载数据的状态，此时的作用和加载动画组件 AVLoadingIndicatorView 类似。

图 4-9　进度轮旋转效果

2. 进度增加

点击 Increment 按钮，进度轮会定量增加进度，进度值会实时显示在进度轮的中间，效果如图 4-10 所示，进度增加功能主要用于展示服务器加载数据的进度。

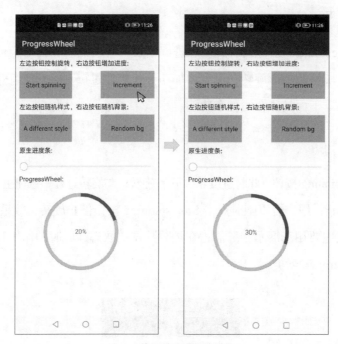

图 4-10　按钮控制进度增加

4.3.2　使用方法

在了解了 ProgressWheel 组件的功能后，接下来我们来看一下 ProgressWheel 组件的使用方法。由于 3.2.1 节已经讲解过 har 包的导入方法，因此这里默认已经成功导入 ProgressWheel 组件的 har 包。

ProgressWheel 组件的基本使用方法，可分为以下 4 个步骤。

第 1 步：创建整体的显示布局。

第 2 步：导入 ProgressWheel 类。

第 3 步：设置进度轮属性参数。

第 4 步：ProgressWheel 添加到整体显示布局中。

下面看一下每一个步骤涉及的详细操作。

第 1 步：创建整体的显示布局。

创建一个 DependentLayout 的整体显示布局，宽度和高度都跟随父控件，如代码清单 4-17 所示。

代码清单 4-17　创建布局

```
DependentLayout.LayoutConfig pwLayoutConfig=new
DependentLayout.LayoutConfig(MATCH_PARENT,MATCH_PARENT);
```

第 2 步：导入 ProgressWheel 类。

在 MainAbilitySlice 中，通过 import 关键字导入 ProgressWheel 类，并在 onStart()方法中实例化 ProgressWheel 类对象。

```
import com.todddavies.components.progressbar.ProgressWheel;
```

第 3 步：设置进度轮属性参数。

设置属性具体实现如代码清单 4-18 所示。

代码清单 4-18　设置属性

```
pwLayoutConfig.setMargins(600,300,400,100);
pwOne=new ProgressWheel(this);
pwOne.setLayoutConfig(pwLayoutConfig);
pwOne.setWidth(300);
pwOne.setHeight(300);
pwOne.setBarColor(Color.getIntColor("#FF0000"));
```

```
pwOne.setTextColor(Color.getIntColor("#546435"));
pwOne.setRimColor(Color.getIntColor("#44000000"));
pwOne.setBarLength(60);
pwOne.setBarWidth(25);
pwOne.setRimWidth(25);
pwOne.setSpinSpeed(3);
pwOne.setTextSize(30);
```

其中，pwlayoutConfig 为步骤 1 中整体布局显示对象，pwOne 为新创建的进度轮对象。我们需要为进度轮的初始属性进行设置，其中 setWidth 为进度轮整体宽度，setHeight 为进度轮整体高度，setBarColor 为进度轮里面进度条的颜色，setTextColor 为进度轮中间进度百分比的颜色，setRimColor 进度轮的颜色，setBarLength 为进度轮里面进度条长度，setBarWidth 为进度轮里面进度条宽度，setRimWidth 为进度轮内外径之间的距离，setSpinSpeed 为进度轮旋转速度，setTextSize 为进度轮里面进度值的文字大小。

第 4 步：ProgressWheel 添加到整体显示布局中。

ProgressWheel 组件在启动后，需要被添加到整体显示布局 myLayout 中。

```
myLayout.addComponent(pwOne);
```

在示例中向用户提供了 5 个场景，分别是进度轮旋转、按钮控制进度增加、原生进度条控制进度增加、背景改变、样式改变。其中，进度轮旋转和按钮控制进度增加这两种场景较为简单，均为按钮触发，调用 ProgressWheel 类的开始旋转、进度增加方法即可，这在拓展进阶部分会详细解释。因此这里重点介绍以下 3 种场景。

（1）原生进度条控制进度增加

原生进度条是指鸿蒙操作系统的基本组件 Slider，它也可以用于显示内容加载或操作处理的进度，此处我们通过拖动原生进度条来改变进度轮的进度值，并将进度值实时显示，效果如图 4-11 所示。我们在代码中调用 onProgressUpdated() 方法来实现此功能。

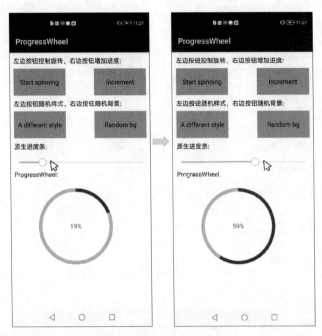

图 4-11 原生进度条控制进度增加

此场景下，我们需要将原生进度条和进度轮进行数值换算，换算方法具体实现如代码清单 4-19 所示。

代码清单 4-19 换算方法

```
@Override
public void onProgressUpdated(Slider seekBar, int i, boolean b){
    //原生进度条和进度轮换算，100 代表原生进度条的进度最大值，360 代表进度轮的进度最大值
    double progress = 360.0 * (seekBar.getProgress() / 100.0);
    //进度轮进度设置
    wheel.setProgress((int) progress);
}
```

（2）背景改变

使用 Random 类产生随机数，特定处理后作为背景像素点。点击 Random bg 按钮，背景像素点显示，进度轮的背景会发生随机变化，效果如图 4-12 所示，进度轮背景改变在图中显现为灰度的变化。

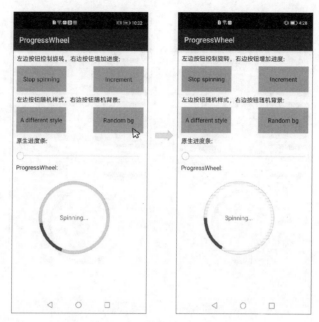

图 4-12　进度轮背景改变

　　进度轮的背景随机变化在代码中采用 randomBg() 方法，通过产生随机像素点来变换背景。背景改变具体实现如代码清单 4-20 所示。

代码清单 4-20　背景改变

```
//背景改变
private static void randomBg(ProgressWheel wheel) {
    //随机产生背景元素
    Random random = new Random();
    int firstColour = random.nextInt(); //获取随机数
    int secondColour = random.nextInt();
    int patternSize = (1 + random.nextInt(3)) * 8; //处理随机数
    int patternChange = (1 + random.nextInt(3)) * 8;
    int[] pixels = new int[patternSize];
    for (int i = 0; i < patternSize; i++) {
        //得到像素点
        pixels[i] = (i > patternChange) ? firstColour : secondColour;
    }
    PixelMap.InitializationOptions options=new PixelMap.InitializationOptions();
```

```
options.size=new Size(1,patternSize);
options.pixelFormat=PixelFormat.ARGB_8888;
//设置背景元素
wheel.setRimShader(new PixelMapShader(
        new PixelMapHolder(PixelMap.create(pixels, options)),
        Shader.TileMode.REPEAT_TILEMODE,
        Shader.TileMode.REPEAT_TILEMODE),
Paint.ShaderType.RADIAL_SHADER);
}
```

（3）样式改变

通过自定义进度轮的长度、宽度、背景等来设计不同的样式，点击 A different style
按钮触发样式改变，效果如图 4-13 所示。

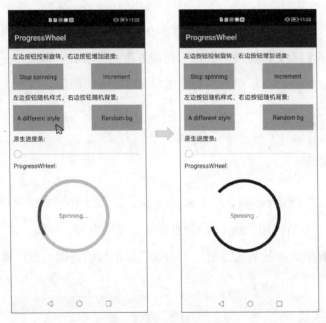

图 4-13 进度轮样式改变

代码中通过调用 styleRandom() 方法来设置样式的随机属性，样式改变具体实现如代
码清单 4-21 所示。

代码清单 4-21　样式改变

```
//样式改变
private static void styleRandom(ProgressWheel wheel, Context ctx) {
    wheel.setRimShader(null, Paint.ShaderType.RADIAL_SHADER);
    wheel.setRimColor(0xFFFFFFFF);
    wheel.setCircleColor(0x00000000); //内圆颜色
    wheel.setBarColor(0xFF000000); //进度轮体颜色
    wheel.setContourColor(0xFFFFFFFF); //外圆颜色
    wheel.setBarWidth(pxFromDp(ctx, 8)); //宽度
    wheel.setBarLength(pxFromDp(ctx, 100)); //长度
    wheel.setSpinSpeed(2); //旋转速度
    wheel.setDelayMillis(3); //间隔时间
}
```

4.3.3　拓展进阶

通过学习 4.3.2 节，我们已经可以对 ProgressWheel_ohos 进度轮的动画进行相应的控制操作。但当我们有更改进度轮属性和功能方法的需求时，则需要更改组件源码。本节将介绍 ProgressWheel_ohos 组件的功能实现和移植方法源码。

1. 功能实现

（1）进度轮绘制

该功能是通过 ProgressWheel 类来实现的，在该类中首先声明 setupBounds()、setupPaints()方法，然后使用 Canvas 绘制进度轮，设定内圆、外圆、条纹、文字等属性。其中，文字用于显示进度轮的属性值，不局限于显示当前进度。设定属性具体实现如代码清单 4-22 所示。

代码清单 4-22　设定属性

```
public ProgressWheel(Context context) {
    super(context);
    DrawTask task = (component, canvas) -> {
        //初始化元素边界
```

```
        setupBounds();
        //初始化绘制属性
        setupPaints();
        //绘制内圆
        canvas.drawArc(innerCircleBounds, new Arc(360, 360, false), circlePaint);
        //绘制外圆
        canvas.drawArc(circleBounds, new Arc(360, 360, false), rimPaint);
        canvas.drawArc(circleOuterContour, new Arc(360, 360, false), contourPaint);
        //绘制条纹
        if (isSpinning) {
            canvas.drawArc(circleBounds, new Arc(progress - 90, barLength, false),
            barPaint);
        } else {
            canvas.drawArc(circleBounds, new Arc(-90, progress, false), barPaint);
        }
        //设置文字于圆心处显示
        float textHeight = textPaint.descent() - textPaint.ascent();
        float verticalTextOffset = (textHeight / 2) - textPaint.descent();
        for (String line : splitText) {
            float horizontalTextOffset = textPaint.measureText(line) / 2;
            canvas.drawText(
                    textPaint,
                    line,
                    (float) component.getWidth() / 2 - horizontalTextOffset,
                    (float) component.getHeight() / 2 + verticalTextOffset);
        }
        //旋转时在不同的位置画进度条
        if (isSpinning) {
            scheduleRedraw();
        }
    };
    addDrawTask(task);
}
```

（2）进度轮旋转

该功能只提供给用户进度轮旋转的展示形式，不提供当前线程的量化进度。

● 进度轮开始旋转方法 startSpinning()，具体实现如代码清单 4-23 所示。

代码清单 4-23　开始旋转

```
public void startSpinning() {
    isSpinning = true; //设置当前为旋转状态
    pinHandler.sendEvent(0); //每隔一定时间重新画进度，来达到旋转的效果
}
```

● 进度轮停止旋转方法 stopSpinning()，具体实现如代码清单 4-24 所示。

代码清单 4-24　停止旋转

```
public void stopSpinning() {
    isSpinning = false; //设置当前为停止状态
    progress = 0; //进度清零
    invalidate();
}
```

（3）进度增加方法 incrementProgress()

该模式在旋转时提供当前的量化进度数据，用户可以清晰地了解当前的线程进度，是一种对用户更友好的交互模式，具体实现如代码清单 4-25 所示。

代码清单 4-25　进度增加

```
public void incrementProgress(int amount) {
    isSpinning = false; //增加进度时进度轮不旋转
    progress+= amount; //定量增加
    if (progress > 360){
        progress %= 360; //超过 360 会自动重置
    }
    invalidate();
}
```

2. 移植方法

本组件在移植时大部分情况采用 API 直接替换的方式，但也存在少数方法需要重写，

如处理进度轮旋转的时候重写 spinHandler()方法，该方法的功能是：进度轮旋转时在不同的像素位置绘制进度条，移动的位置超过 360° 则置为 0°，重新旋转。重写旋转方法具体实现如代码清单 4-26 所示。

代码清单 4-26　重写旋转方法

```
//每次绘制要移动的像素数目
private float spinSpeed = 2f;
//绘制过程的时间间隔
private int delayMillis = 100;
private EventHandler spinHandler = new EventHandler(EventRunner.getMainEventRunner())
{
    @Override
    public void processEvent(InnerEvent msg)
    {
        invalidate();
        if (isSpinning)
        {
            //更新画进度的位置
            progress += spinSpeed;
            //要移动的像素数目超过 360 则重置
            if (progress > 360)
            {
                progress = 0;
            }
            spinHandler.sendEvent(0, delayMillis);
        }
        super.processEvent(msg);
    }
};
```

4.4　侧滑菜单组件 SlidingMenu_ohos

SlidingMenu_ohos 是鸿蒙操作系统中使用的侧滑菜单组件，它是以 Android 平台的侧滑菜单组件 SlidingMenu 为基础实现的。在 SlidingMenu 的基础上，我们针对鸿蒙操作系统进行了组件重构，最终成功地将其迁移到鸿蒙操作系统上，得到了 SlidingMenu_ohos 组件。

SlidingMenu_ohos 提供了一个侧滑菜单的导航框架，使菜单可以隐藏在手机屏幕的左侧或者右侧。当用户使用时，通过左滑或者右滑的方式调出菜单，既节省了主屏幕的空间，也方便用户操作。下文将详细介绍基于鸿蒙操作系统的 SlidingMenu_ohos 组件的功能和使用。

4.4.1　功能展示

由于菜单从左右两侧调出的显示效果相似，此处仅以菜单从左侧调出为例进行效果展示。

组件未启用时，应用显示主界面。单指触摸屏幕左侧并逐渐向右滑动，菜单界面逐渐显示，主界面逐渐隐藏。向右滑动的距离超过某个阈值时，菜单界面全部显示，效果如图 4-14 所示。

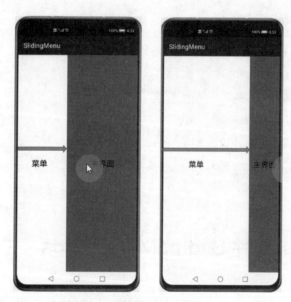

图 4-14　菜单展示和隐藏效果图

4.4.2　使用方法

在了解了 SlidingMenu_ohos 组件的功能后，接下来我们来看一下 SlidingMenu_ohos 组件的使用方法。由于 3.2.1 节已经讲解过 har 包的导入方法，此处我们默认已经成功导入 SlidingMenu_ohos 组件的 har 包。

SlidingMenu_ohos 组件的基本使用方法主要分为以下 5 个步骤。

第 1 步：导入 SlidingMenu 类。

第 2 步：设置 Ability 的布局。

第 3 步：实例化组件的对象。

第 4 步：设置组件属性。

第 5 步：关联 Ability。

下面看一下每一个步骤涉及的详细操作。

第 1 步：导入 SlidingMenu 类。

使用如下语句导入 SlidingMenu 类。

```
import com.jeremyfeinstein.slidingmenu.lib.SlidingMenu;
```

第 2 步：设置 Ability 的布局。

该布局用作主界面的布局，在组件隐藏的时候显示。设置布局具体实现如代码清单 4-27 所示。

代码清单 4-27　设置布局

```
DirectionalLayout directionalLayout =
(DirectionalLayout)LayoutScatter.getInstance(this).parse(ResourceTable.
Layout_activity_main,null,false);
setUIContent(directionalLayout);
```

第 3 步：实例化组件的对象。

实例化组件的对象的具体实现如代码清单 4-28 所示。

代码清单 4-28　实例化组件的对象

```
SlidingMenu slidingMenu = null;
try {
    //初始化 SlidingMenu 实例
    slidingMenu = new SlidingMenu(this);
} catch (IOException e) {
    e.printStackTrace();
} catch (NotExistException e) {
    e.printStackTrace();
}
```

第 4 步：设置组件属性。

该步骤可以根据具体需求，设置组件的位置、触发范围、布局、最大宽度等属性。设置组件属性具体实现如代码清单 4-29 所示。

代码清单 4-29　设置组件属性

```
//设置菜单放置位置
slidingMenu.setMode(SlidingMenu.LEFT);
//设置组件的触发范围
slidingMenu.setTouchScale(100);
//设置组件的布局
slidingMenu.setMenu(ResourceTable.Layout_layout_left_menu);
//设置菜单最大宽度
slidingMenu.setMenuWidth(800);
```

第 5 步：关联 Ability。

attachToAbility()方法是 Library 提供的重要方法，用于将菜单组件关联到 Ability。其参数 SLIDING_WINDOW 和 SLIDING_CONTENT 是菜单的不同模式。

● **SLIDING_WINDOW 模式**：SLIDING_WINDOW 模式下的菜单包含 Title / ActionBar 部分，菜单须显示在整个手机界面上，如图 4-15 所示。

图 4-15　SLIDING_WINDOW 展示效果图

● **SLIDING_CONTENT 模式**：SLIDING_CONTENT 模式下的菜单不包含 Title / ActionBar 部分，菜单可以在手机界面的局部范围内显示，如图 4-16 所示。

图 4-16　SLIDING_CONTENT 展示效果图

关联 Ability 的具体实现如代码清单 4-30 所示。

代码清单 4-30　关联 Ability

```
try {
  //关联 Ability，获取界面展示根节点
  slidingMenu.attachToAbility(directionalLayout,this, SlidingMenu.SLIDING_WINDOW);
} catch (NotExistException e) {
  e.printStackTrace();
} catch (WrongTypeException e) {
  e.printStackTrace();
} catch (IOException e) {
  e.printStackTrace();
}
```

4.4.3　拓展进阶

通过学习 4.4.2 节，我们已经了解如何使用 SlidingMenu_oho 侧滑菜单组件了。接下来我们将学习当侧滑展开效果不满足需求时，如何更改本组件的源码。

本组件源码的工程结构如图 4-17 所示，CustomViewAbove 表示主界面，CustomViewBehind 表示菜单界面，SlidingMenu 主要作用是控制主界面位于菜单界面的上方，它还可以设置菜单的宽度、触发范围、显示模式等属性。为了方便解释，以下均以手指从左侧触摸屏幕并向右滑动为例进行讲解，菜单均采用 SLIDING_WINDOW 的显示模式。

图 4-17　本组件源码的工程结构

1．CustomViewAbove 主界面

CustomViewAbove 需要监听触摸、移动、抬起、取消等 Touch 事件，并记录手指滑

动的距离和速度。

（1）对 Touch 事件的处理

Touch 事件决定了菜单的显示、移动和隐藏。

- **手指向右滑动（POINT_MOVE）**：在菜单的触发范围内，手指向右滑动（POINT_MOVE）时，菜单会跟随滑动到手指所在位置。

- **手指抬起（PRIMARY_POINT_UP）或者取消滑动（CANCEL）**：手指抬起（PRIMARY_POINT_UP）或者取消滑动（CANCEL）时，会依据手指滑动的距离和速度决定菜单界面的下一状态是全部隐藏还是全部显示。

Touch 事件处理具体实现如代码清单 4-31 所示。

代码清单 4-31 Touch 事件

```
switch (action) {
    //按下
    case TouchEvent.PRIMARY_POINT_DOWN:
        ...
        mInitialMotionX=mLastMotionX=ev.getPointerPosition(mActivePointerId).getX();
        break;
    //滑动
    case TouchEvent.POINT_MOVE:
        ...
        //菜单滑动到此时手指所在位置（x）
        left_scrollto(x);
        break;
    //抬起
    case TouchEvent.PRIMARY_POINT_UP:
        ...
        //获得菜单的下一状态（全屏显示或者全部隐藏）
        int nextPage = determineTargetPage(pageOffset, initialVelocity,totalDelta);
        //设置菜单的下一状态
```

```
            setCurrentItemInternal(nextPage,initialVelocity);
             ...
            endDrag();
            break;
        //取消
        case TouchEvent.CANCEL:
             ...
            //根据菜单当前状态mCurItem设置菜单下一状态
            setCurrentItemInternal(mCurItem);
            //结束拖动
            endDrag();
            break;
    }
```

（2）对滑动的距离和速度的处理

当手指抬起时，若滑动的速度和距离分别大于最小滑动速度和最小移动距离，则判定此时的操作为快速拖动，菜单立即弹出并全部显示，效果如图 4-18 所示，具体实现如代码清单 4-32 所示。

代码清单 4-32　对滑动的距离和速度的处理

```
private int determineTargetPage(float pageOffset, int velocity, int deltaX) {
    //获得当前菜单状态，0：左侧菜单正在展示，1：菜单隐藏，2：右侧菜单正在展示
    int targetPage = getCurrentItem();
    //针对快速拖动的判断
    if (Math.abs(deltaX) > mFlingDistance && Math.abs(velocity) > mMinimumVelocity) {
        if (velocity > 0 && deltaX > 0) {
            targetPage -= 1;
        } else if (velocity < 0 && deltaX < 0){
            targetPage += 1;
        }
    }
}
```

图 4-18   快速拖动展开效果图

当手指抬起并且不满足快速拖动标准时，需要根据滑动距离判断菜单的隐藏或显示。若菜单已展开的部分超过自身宽度的 1/2，菜单立即弹出全部显示，效果如图 4-19 所示；若不足自身宽度的 1/2，则立即弹回全部隐藏，效果如图 4-20 所示，具体实现如代码清单 4-33 所示。

图 4-19   慢速拖动距离超过自身宽度 1/2 展开效果图

图 4-20　慢速拖动菜单展开不足自身宽度的 1/2 弹回效果图

代码清单 4-33　菜单隐藏与展示

```
//获得当前菜单状态, 0：左侧菜单正在展示，1：菜单隐藏，2：右侧菜单正在展示
switch (mCurItem){
        case 0:
            targetPage=1-Math.round(pageOffset);
            break;
        case 1:
        //菜单隐藏时，首先要判断此时菜单的放置状态是左侧还是右侧
            if(current_state == SlidingMenu.LEFT){
                targetPage = Math.round(1-pageOffset);
            }
            if(current_state == SlidingMenu.RIGHT){
                targetPage = Math.round(1+pageOffset);
            }
            break;
        case 2:
            targetPage = Math.round(1+pageOffset);
            break;
}
```

（3）菜单显示和隐藏的实现

绑定主界面的左侧边线与手指的位置，当手指向右滑动时，主界面也会随手指向右滑动，在这个过程中菜单界面渐渐展示出来，实现菜单界面随手指滑动慢慢展开的视觉效果，具体实现如代码清单 4-34 所示。

代码清单 4-34　菜单显示和隐藏的实现

```
void setCurrentItemInternal(int item,int velocity) {

  item = mViewBehind.getMenuPage(item); //获得菜单的目标状态

  mCurItem = item;

  final int destX = getDestScrollX(mCurItem);

  //菜单放置状态为左侧，通过设置主界面的位置实现菜单的弹出展示或弹回隐藏

  //1.destX=0,主界面左侧边线与屏幕左侧边线对齐，菜单被全部遮挡，实现菜单弹回隐藏

  //2.destX=MenuWidth,主界面左侧边线向右移动与菜单总宽度相等的距离，实现菜单弹出展示

  if (mViewBehind.getMode() == SlidingMenu.LEFT) {

    mContent.setLeft(destX);

    mViewBehind.scrollBehindTo(destX);

  }

  ...

}
//菜单放置在左侧时的菜单滑动操作
public void left_scrollto(float x) {

  if(x>getMenuWidth()){ //当菜单的展示宽度大于最大宽度时仅展示最大宽度

    x=getMenuWidth();

  }
//主界面（主界面左侧边线）和菜单（菜单右侧边线）分别移动到指定位置 x

  mContent.setLeft((int)x);

  mViewBehind.scrollBehindTo((int)x);

}
```

2. CustomViewBehind 菜单界面

CustomViewBehind 菜单界面逻辑相比主界面简单许多，它主要负责根据主界面中的 Touch 事件改变自身状态值，同时向外暴露接口，用于设置或者获取菜单界面的最大宽

度、自身状态等属性，设置获取属性具体实现如代码清单 4-35 所示。

代码清单 4-35　设置获取属性

```
// 设置菜单界面最大宽度
public void setMenuWidth(int menuWidth) {
    this.menuWidth = menuWidth;
}
// 获得菜单界面最大宽度
public int getMenuWidth() {
    return menuWidth;
}
```

3. SlidingMenu

分别实例化 CustomViewAbove 和 CustomViewBehind 的对象，并按照主界面在上菜单界面在下的顺序添加到 SlidingMenu 的容器中，实例化对象具体实现如代码清单 4-36 所示。

代码清单 4-36　实例化对象

```
//添加菜单界面子控件
addComponent(mViewBehind, behindParams);
//添加主界面子控件
addComponent(mViewAbove, aboveParams);
```

4.5　连续滚动图像组件 ContinuousScrollableImage View_ohos

ContinuousScrollableImageView_ohos 是鸿蒙操作系统中使用的连续滚动图像组件，它是以 Android 的连续滚动图像组件 ContinuousScrollableImageView 为基础实现的。

在 ContinuousScrollableImageView 的基础上，我们针对鸿蒙操作系统进行了组件重构，最终成功地将其迁移到鸿蒙操作系统上，得到了 ContinuousScrollableImageView_ohos 组件。

ContinuousScrollableImageView_ohos 组件通过让图像连续滚动，实现动态视觉效果，如图 4-21 所示。ContinuousScrollableImageView_ohos 组件支持对图像的图像源、缩放类型、持续时间和滚动方向等属性进行设置。下文将详细介绍基于鸿蒙操作系统的 ContinuousScrollableImageView_ohos 组件的功能和使用。

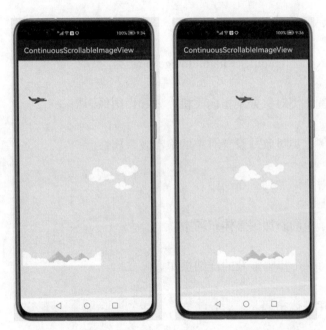

图 4-21　ContinuousScrollableImageView_ohos 组件运行效果图

4.5.1　功能展示

在 ContinuousScrollableImageView_ohos 组件中，分别设置了飞机、云、山 3 种图像。图像的滚动方向有 RIGHT 和 LEFT 两种，其中，飞机的滚动方向被设置为 RIGHT，向右侧滚动；云和山的滚动方向被设置为 LEFT，向左侧滚动。三者组合构成一幅完整的、具有连续滚动效果的动画图像，如图 4-21 所示。

4.5.2　使用方法

在了解了 ContinuousScrollableImageView_ohos 组件的功能后，接下来我们来看一下该组件的使用方法。由于 3.2.1 节已经讲解过 har 包的导入方法，此处我们默认已经成功导入 ContinuousScrollableImageView_ohos 组件的 har 包。

ContinuousScrollableImage View_ohos 组件的基本使用方法可分为以下 7 个步骤。

第 1 步：创建整体布局。

第 2 步：创建子布局。

第 3 步：导入 ContinuousScrollableImageView 类。

第 4 步：实例化类对象分别指向飞机、云和山图像。

第 5 步：实例化类对象并设置对象的滚动效果属性。

第 6 步：将对象添加到子布局中。

第 7 步：将子布局添加到整体布局中。

下面看一下每一个步骤涉及的详细操作。

第 1 步：创建整体布局。

创建一个 DirectionalLayout 的整体显示布局，宽度和高度都跟随父控件变化而调整，具体实现如代码清单 4-37 所示。

代码清单 4-37　创建整体布局

```
private DirectionalLayout myLayout = new DirectionalLayout(this);
LayoutConfig config = new LayoutConfig(LayoutConfig.MATCH_PARENT,
LayoutConfig.MATCH_PARENT);
```

设置整体布局属性,为了使动画效果更加明显,通过 ShapeElement 为整体布局设置背景颜色,如代码清单 4-38 所示。

代码清单 4-38 设置布局属性

```
myLayout.setLayoutConfig(config);
ShapeElement element = new ShapeElement();
element.setRgbColor(new RgbColor(231,244,247));
myLayout.setBackground(element);
```

第 2 步:创建子布局。

创建一个 DirectionalLayout 的子布局用于放置具体的 ContinuousScrollableImageView 组件,布局方向设置为垂直,具体实现如代码清单 4-39 所示。

代码清单 4-39 创建子布局

```
DirectionalLayout layout = new DirectionalLayout(this);
layout.setOrientation(Component.VERTICAL);
layout.setLayoutConfig(config);
```

第 3 步:导入 ContinuousScrollableImageView 类。

```
import com.cunoraz.continuousscrollable.ContinuousScrollableImageView;
```

第 4 步:实例化类对象分别指向飞机、云和山图像。

实例化 3 个 ContinuousScrollableImageView 类对象,分别指向飞机、云、山 3 种图像,具体实现如代码清单 4-40 所示。

代码清单 4-40 实例化类对象

```
ContinuousScrollableImageView plane=new ContinuousScrollableImageView(this);
ContinuousScrollableImageView cloud=new ContinuousScrollableImageView(this);
ContinuousScrollableImageView mountain=new ContinuousScrollableImageView.Builder(this.
getAbility())...
```

第 5 步：实例化类对象并设置对象的滚动效果属性。

设置各对象的属性，ContinuousScrollableImageView 对象的可设置属性有 4 个，包括滚动方向、滚动周期、缩放类型、图像源。设置对象属性的方式有如下两种，用户可根据需求，自行确定使用哪种方式设置对象属性。

- **常用方式**：通过对象单独调用类接口的方式，飞机和云图像的对象属性采用此方式设置。

实例化飞机图像的对象并进行属性设置，具体实现如代码清单 4-41 所示。

代码清单4-41　常用方式性设置飞机对象属性

```
LayoutConfig planeConfig=new LayoutConfig(ComponentContainer.LayoutConfig.MATCH_
PARENT,0,LayoutConfig.UNSPECIFIED_ALIGNMENT,1);
plane.setLayoutConfig(planeConfig);
plane.setDirection(ContinuousScrollableImageView.RIGHT);   //设置滚动方向向右
plane.setDuration(2500);    //设置滚动周期
plane.setScaleType(ContinuousScrollableImageView.CENTER_INSIDE); //设置缩放类型
plane.setResourceId(ResourceTable.Media_plane); //  设置图像源
```

实例化云图像的对象并进行属性设置，具体实现如代码清单 4-42 所示。

代码清单4-42　常用方式设置云对象属性

```
//采用常用方法进行属性设置
LayoutConfig cloudConfig=new LayoutConfig(ComponentContainer.LayoutConfig.MATCH_PA
RENT,0,LayoutConfig.UNSPECIFIED_ALIGNMENT,1);
cloud.setLayoutConfig(cloudConfig);
cloud.setDirection(ContinuousScrollableImageView.LEFT);    //设置滚动方向向左
cloud.setDuration(4000);     //设置滚动周期
cloud.setResourceId(ResourceTable.Media_cloud);     //设置图像源
```

- **Builder 方式**：建造者模式，山图像的对象属性采用此方式设置。

实例化山图像的对象并进行属性设置，具体实现如代码清单 4-43 所示。

代码清单 4-43 Builder 方式设置山对象属性

```
LayoutConfig mountainConfig=new LayoutConfig(ComponentContainer.LayoutConfig.MATCH_
PARENT,0,LayoutConfig.UNSPECIFIED_ALIGNMENT,1);
//采用 Builder 方式进行对象创建和属性设置
ContinuousScrollableImageView mountain=new ContinuousScrollableImageView.Builder(this.
getAbility())
        .setDirection(ContinuousScrollableImageView.LEFT)    //设置方向向左
        .setDuration(6000)    //设置时间间隔
        .setResourceId(ResourceTable.Media_mountain)    //设置图像源
        .build();
mountain.setLayoutConfig(mountainConfig);
```

第 6 步：将对象添加到子布局中。

各图像的对象在启动后，需要先被添加到子布局 layout 中用于显示，具体实现如代码清单 4-44 所示。

代码清单 4-44 添加对象到子布局

```
layout.addComponent(plane);    //飞机对象添加到子布局
layout.addComponent(cloud);    //云对象添加到子布局
layout.addComponent(mountain);    //山对象添加到子布局
```

第 7 步：将子布局添加到整体布局中。

我们需要将子布局 layout 添加到整体布局 myLayout 中，并将整体布局 myLayout 通过 super.setUIContent()方法进行设置，动画图像才能生效并成功显示，具体实现如代码清单 4-45 所示。

代码清单 4-45 将子布局添加到整体布局

```
myLayout.addComponent(layout);
super.setUIContent(myLayout);
```

4.5.3　拓展进阶

通过学习 4.5.2 节，我们已经了解如何使用 ContinuousScrollableImageView_ohos 连续滚动图像组件。接下来我们将学习想更改连续滚动图像组件的属性和功能时，如何更改这个组件的源码。

这个组件在源码中向开发者提供 ContinuousScrollableImageView 类对象的启动接口和属性设置接口。通过调用启动接口，可以让飞机对象、云对象和山对象开始滚动，效果如图 4-21 所示；通过调用属性设置接口，可以改变上述对象的滚动效果。由 4.5.2 节的内容可知，ContinuousScrollableImageView 类对象的属性设置方式有两种，接下来我们将讲解不同属性设置方式下属性设置接口功能实现之间的差异。

1.　ContinuousScrollableImageView 类对象启动接口

该接口的功能实现内容较多，但逻辑较为清晰，主要可以分为 4 个部分：设置布局、创建数值动画、对不同的滚动方向设置监听和启动动画，下面分别进行详细介绍。

（1）设置布局

图 4-21 中所有的 ContinuousScrollableImageView 类对象都需要实现循环滚动的效果，以飞机对象为例：飞机滚动至最右侧时，逐渐消失的部分需要在最左侧重新出现。为此，我们需要使用 firstImage 和 secondImage 两个布局，让这两个布局相同且循环显示，然后通过 setImageAndDecodeBounds()方法使其中一个布局显示另一个布局消失的部分。具体实现如代码清单 4-46 所示。

代码清单 4-46　设置布局实现滚动效果

```
private void setImages() {
    ...
    firstImage = (Image) this.findComponentById(ResourceTable.Id_first_image);
    secondImage = (Image) this.findComponentById(ResourceTable.Id_second_image);
    firstImage.setImageAndDecodeBounds(resourceId);
```

```
secondImage.setImageAndDecodeBounds(resourceId);
setScaleType(scaleType);
}
```

（2）创建数值动画

飞机对象、云对象和山对象都是静态的，想实现滚动效果，我们需要借助动画类。此处采用数值动画的方式来启动各对象。同时我们还需要设置动画的循环次数、线性变化、循环周期等属性。动画属性设置具体实现如代码清单 4-47 所示。

代码清单 4-47   数值动画方式设置动画属性

```
animator.setLoopedCount(AnimatorValue.INFINITE);    //动画无限循环
animator.setCurveType(Animator.CurveType.LINEAR);    //动画线性变化
animator.setDuration(duration);    //动画的持续时间
```

（3）对不同的滚动方向设置监听

飞机对象、云对象和山对象都可以设置不同的滚动方向，针对不同的方向设置不同的数值动画监听。以飞机为例：当飞机横向滚动时，通过设置 firstImage 和 secondImage 的横坐标变化，达到二者循环显示的效果；当飞机竖向滚动时，通过设置 firstImage 和 secondImage 的纵坐标变化，达到二者循环显示的目的。具体实现如代码清单 4-48 所示。

代码清单 4-48   设置监听

```
switch (DEFAULT_ASYMPTOTE) {
  case HORIZONTAL:    //横向滚动
    animator.setValueUpdateListener(
      new AnimatorValue.ValueUpdateListener() {    //数值动画监听
        @Override
        public void onUpdate(AnimatorValue animatorValue, float v) {
          // firstImage 和 secondImage 循环显示算法
          float progress;
          if (DIRECTION_MULTIPLIER == 1)
            progress = DIRECTION_MULTIPLIER * (v);
          else
```

```
            progress = DIRECTION_MULTIPLIER * (-v);
        float width = DIRECTION_MULTIPLIER * (-firstImage.getWidth());
        float translationX = width * progress;
        firstImage.setTranslationX(translationX); //设置 firstImage 的横坐标
        secondImage.setTranslationX(translationX - width);
        //设置 secondImage 的横坐标
    }
    });
    break;
    ...
}
```

（4）启动动画

动画启动后，飞机对象、云对象和山对象的坐标就会发生变化，此时它们的动画效果就由静态的变成滚动的。

```
animator.start();          //动画启动
```

2. 常用方式下属性设置接口功能实现

飞机对象和云对象采用常用方式设置属性，其属性包含滚动周期、滚动方向、图像源和图像缩放类型。各接口的功能实现较为简单，值得注意的是，在设置滚动方向和滚动周期的功能实现中分别调用了启动接口，此处是为了适应下文即将讲解的 Builder 方式，具体原因将在下文讲述。若读者只采用常用方式进行属性设置，可以将启动接口从设置滚动方向和滚动周期的功能实现中分离出来，通过飞机对象或者云对象单独调用。具体实现如代码清单 4-49 所示。

代码清单 4-49　常用方式属性设置

```
//设置滚动周期
public void setDuration(int duration) {
    this.duration = duration;
    isBuilt = false;
    build();
```

```
}
//设置方向
public void setDirection(@Directions int direction) {
    this.direction = direction;
    isBuilt = false;
    setDirectionFlags(direction);
    build();
}
//设置图像源
public void setResourceId(int resourceId) {
    this.resourceId = resourceId;
    firstImage.setImageAndDecodeBounds(this.resourceId);
    secondImage.setImageAndDecodeBounds(this.resourceId);
}
//设置图像缩放类型
public void setScaleType(@ScaleType int scaleType) {
    if (firstImage == null || secondImage == null) {
        throw new NullPointerException();
    }
    Image.ScaleMode type = Image.ScaleMode.CENTER;
    switch (scaleType) {
    …
    }
    this.scaleType = scaleType;
    firstImage.setScaleMode(type);
    secondImage.setScaleMode(type);
}
```

3. Builder 方式设置属性

山对象采用 Builder 方式进行属性设置，各属性在功能实现时分别调用了常用方式下的属性设置接口，但是缺少启动接口的调用。

为了在 Builder 方式下也能正常启动动画，常用方式下的设置滚动方向和滚动周期的功能实现中包含了启动接口，使得在 Builder 方式下调用上述接口时，就可以实现动画的启动。具体实现如代码清单 4-50 所示。

代码清单 4-50　Builder 方式属性设置

```
public static final class Builder {
    private ContinuousScrollableImageView scrollableImage;
    public Builder(Ability ability) {
        scrollableImage = new ContinuousScrollableImageView(ability);
    }
    //设置滚动周期
    public Builder setDuration(int duration) {
        scrollableImage.setDuration(duration);
        return this;
    }
    //设置图像源
    public Builder setResourceId(int resourceId) {
        scrollableImage.setResourceId(resourceId);
        return this;
    }
    //设置滚动方向
    public Builder setDirection(@Directions int direction) {
        scrollableImage.setDirection(direction);
        return this;
    }
    //设置缩放类型
    public Builder setScaleType(@ScaleType int scaleType) {
        scrollableImage.setScaleType(scaleType);
        return this;
    }
    public ContinuousScrollableImageView build() {
        return scrollableImage;
    }
}
```

第 5 章　视频相关组件

鸿蒙操作系统提供了可用于开发的视频模块，通过调用已经开放的接口，我们可以很容易地实现视频播放功能。视频相关组件可用于辅助视频播放功能，为视频播放增加流畅度、清晰度、趣味性等，满足了用户更高层次的需求。

本章精选最有助于实现视频播放功能的两个组件进行讲解，介绍组件功能在鸿蒙操作系统中的实现原理，希望读者能够基于这些组件进行快速的应用开发。

5.1　视频缓存组件 VideoCache_ohos

VideoCache_ohos 是鸿蒙操作系统中使用的视频缓存组件，它是以 Android 的视频缓存组件 AndroidVideoCache 为基础实现的。在 AndroidVideoCache 的基础上，我们针对鸿蒙操作系统进行了组件重构，最终成功地将其迁移到鸿蒙操作系统上，得到了 VideoCache_ohos 组件。

用户在网速波动较大的环境下浏览视频时，经常会遇到由网速较慢引起的持续加载或播放失败的情况。VideoCache_ohos 组件实现了视频缓存功能，即播放视频的同时对视频源进行缓存。出现网速较慢的情况时，手机读取提前缓存好的视频数据，可以保证视频正常播放，给予用户更流畅的观看体验。下文将详细介绍基于鸿蒙操作系统的 VideoCache_ohos 组件的功能和使用。

5.1.1　功能展示

当网络连接正常时，VideoCache_ohos 组件可实现视频缓存功能，但此功能不会直接以 UI 的方式显示。为了证明视频缓存已成功实现，需要在第一次视频播放完成时关闭网络连接，然后再次回到使用 VideoCache_ohos 组件的应用中，若可以第二次播放视频，则证明视频缓存成功实现，否则视频缓存失败。

1. 视频播放

在搭载鸿蒙操作系统的设备上安装软件后，单击 HarmonyOSVideoCache 软件图标，即可打开软件进入主菜单界面，视频自动开始播放，如图 5-1 所示。

图 5-1　视频播放的主菜单界面

2. 验证缓存

等待视频播放完成后，可以手动关闭手机的数据连接和 WiFi 连接，如图 5-2 所示。

图 5-2　关闭网络连接

在关闭网络连接之后，回到 VideoCache_ohos 应用中，单击播放按钮，会发现视频是可以通过本地缓存重新播放的。注意，图 5-1 和图 5-3 的区别在于，图 5-1 中的任务栏有 WiFi 连接显示，而图 5-3 中则没有 WiFi 连接。

图 5-3　缓存播放视频

5.1.2　使用方法

在了解了 VideoCache_ohos 组件的功能后，接下来我们看一下 VideoCache_ohos 组件的使用方法。由于 3.2.1 节已经讲解过 har 包的导入方法，因此这里默认已经成功导入 VideoCache_ohos 组件的 har 包。

1. 视频缓存流程

在介绍该组件的具体使用方法前，先通过图 5-4 简单介绍该组件的视频缓存原理。

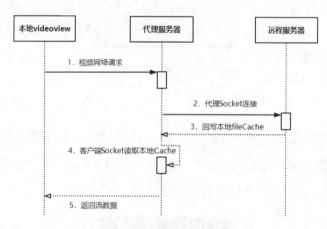

图 5-4　VideoCache_ohos 组件的视频缓存原理

该组件在本地与远程服务器之间建立了代理服务器。当本地发送视频网络请求至代理服务器时，代理服务器与远程服务器之间通过代理 Socket 连接，并将远程服务器的视频数据回写到代理服务器的缓存中。当本地播放视频时，从代理服务器的缓存中读取数据。

2. 组件使用方法

VideoCache_ohos 组件的基本使用方法可分为以下 7 个步骤。

第 1 步：准备视频 URL。

第 2 步：导入相关类并实例化对象。

第 3 步：创建整体的显示布局。

第 4 步：初始化媒体播放器。

第 5 步：定义缓存监听器 CacheListener。

第 6 步：获取 LocalURL。

第 7 步：使用 LocalUrl 作为视频来源进行播放。

下面看一下每一个步骤涉及的详细操作。

第 1 步：准备视频 URL。

准备想要播放并且缓存的视频 URL，并将此 URL 设置为一个全局的字符串对象，具体实现如代码清单 5-1 所示。

代码清单 5-1　视频 URL

```
public static final String URL = "https://zhuwei449.github.io/video4.mp4";
```

第 2 步：导入相关类并实例化对象。

在 MainAbilitySlice 中，通过 import 关键字导入 HttpProxyCacheServer 类，并在 onStart() 方法中实例化这个类的对象，具体实现如代码清单 5-2 所示。HttpProxyCacheServer 类可用于处理来自视频播放器的播放请求，当本地有缓存时，向视频播放器返回一个本地 IP 地址（LocalURL：以 127.0.0.1 开头），用于视频的播放。

代码清单 5-2　实例化 HttpProxyCacheServer 类的对象

```
import com.danikula.videocache.HttpProxyCacheServer;
...
private HttpProxyCacheServer mCacheServerProxy=null;
public void onStart(Intent intent) {
    ...
```

```
    if (mCacheServerProxy == null) {
        Context context = this;
        //实例化 HttpProxyCacheServer 对象
        mCacheServerProxy = new HttpProxyCacheServer(context);
    }
    ...
}
```

第 3 步：创建整体的显示布局。

创建一个 DirectionalLayout 的整体显示布局，布局的方向为垂直，宽度和高度都跟随父控件变化而调整。具体实现如代码清单 5-3 所示。

代码清单 5-3　创建整体的显示布局

```
//声明布局
DirectionalLayout directionLayout= new DirectionalLayout(this);
//设置布局大小
directionLayout.setWidth(ComponentContainer.LayoutConfig.MATCH_PARENT);
directionLayout.setHeight(ComponentContainer.LayoutConfig.MATCH_PARENT);
//设置布局属性及 ID（ID 视需要设置即可）
directionLayout.setOrientation(Component.VERTICAL);
directionLayout.setPadding(32, 32, 32, 32);
```

随后为布局添加 SurfaceProvider 控件，该控件用于显示视频的播放画面，在使用前我们需要导入 SurfaceProvider 类并实例化类对象。为了画面美观，控件的宽度和高度分别定义为 540 和 960，读者可根据需要播放的视频尺寸自行定义。属性定义完成后，通过 addComponent()方法将控件添加到整体显示布局中。具体实现如代码清单 5-4 所示。

代码清单 5-4　定义 SurfaceProvider 控件属性

```
surfaceProvider = new SurfaceProvider(this);
surfaceProvider.setPadding(10, 80, 10 , 80);
surfaceProvider.setHeight(540);
surfaceProvider.setWidth(960);
```

```
surfaceProvider.getSurfaceOps().get().addCallback(this);
surfaceProvider.pinToZTop(true);
directionLayout.addComponent(surfaceProvider);
```

最后将 DirectionalLayout 作为根布局添加到视图树中。视图树中各节点装载了不同视图的容器，可以向其中添加常见的布局和控件。

```
super.setUIContent(directionLayout);
```

第 4 步：初始化媒体播放器。

Player.IPlayerCallback 可以提供媒体播放器的多个回调方法，我们可通过各个回调方法处理视频播放中出现的各类情况，包括视频播放完成、播放位置更改、视频尺寸更改等。具体实现如代码清单 5-5 所示。

代码清单 5-5 初始化媒体播放器

```
private void initMediaPlayer() {
    player = new Player(this);
    player.setPlayerCallback(new Player.IPlayerCallback() {
        @Override
        public void onPrepared() {}
        @Override
        public void onMessage(int i, int i1) {}
        @Override
        public void onError(int i, int i1) {}
        @Override
        public void onResolutionChanged(int i, int i1) {}
        @Override
        public void onPlayBackComplete() {}
        @Override
        public void onRewindToComplete() {}
        @Override
        public void onBufferingChange(int i) {}
        @Override
```

```
    public void onNewTimedMetaData(Player.MediaTimedMetaData mediaTimedMetaData)
{}

    @Override
    public void onMediaTimeIncontinuity(Player.MediaTimeInfo mediaTimeInfo) {}
  });
}
```

第 5 步：定义缓存监听器 CacheListener。

CacheListener 用于监听文件缓存的进度，方便我们通过判断缓存进度，执行各类操作。

onCacheAvailable()方法是设置 CacheListener 监听器时需要重写的方法，在此方法的参数中，cacheFile 表示缓存文件的地址；url 表示播放视频的 URL；percentsAvailable 表示缓存进度。percentsAvailable 取值为 1~100，取值为 100 时表示全部视频缓存完成。

通过 percentsAvailable 变量，在代码清单 5-6 中，用日志打印的方式来表示不同的缓存进度。而大多数商用视频播放器有以下设计：设置一个变量用于保存当前的视频播放进度。在缓存监听器 CacheListener 中，比较当前缓存进度与当前播放进度的差值，如果超出了阈值，可以执行特定操作以暂停缓存，直至二者的差值小于阈值，重新启动缓存。

代码清单 5-6　定义缓存监听器 CacheListener

```
//缓存相关
private CacheListener mCacheListener = new CacheListener() {
  @Override
  public void onCacheAvailable(File cacheFile, String url, int percentsAvailable)
  {
  //打印实时缓存进度
  HiLog.info(new HiLogLabel(3,0,"cache"),"Saving……,percent:"+String.valueOf
  (percentsAvailable));
  //当进度达到100时，可进行一些特殊操作，此处仅以日志打印为例
  if (percentsAvailable == 100 && !cacheFile.getPath().endsWith(".download")) {
```

```
        HiLog.info(new HiLogLabel(3,0,"cache"),"Download already!");
    }
  }
};
```

第 6 步：获取 LocalURL。

将播放视频的 URL 与第 5 步中的监听器对象 mCacheListener 传入 HttpProxyCacheServer 类的注册方法中，即可对缓存进行监听。然后通过 HttpProxyCacheServer 类的 getProxyUrl() 方法获取网络视频 URL 对应的 LocalUrl。具体实现如代码清单 5-7 所示。

代码清单 5-7　获取 LocalURL

```
//注册下载缓存监听
 mCacheServerProxy.registerCacheListener(mCacheListener,URL);
//获取 LocalURL
localUrl = mCacheServerProxy.getProxyUrl(URL);
```

第 7 步：使用 LocalUrl 作为视频来源进行播放。

缓存功能即可实现。

5.1.3　拓展进阶

VideoCache_ohos 组件功能的实现涉及较多的文件，本节将逐一描述这些文件，介绍各个文件在组件功能实现中的作用。

VideoCache_ohos 组件的功能实现文件可分为 5 个部分：file 文件夹、headers 文件夹、slice 文件夹、sourcestorage 文件夹以及 22 个类文件，如图 5-5 所示。

1. file 文件夹

file 文件夹的组成结构如图 5-6 所示。file 文件夹中的类及其主要涉及的文件缓存相关功能如下。

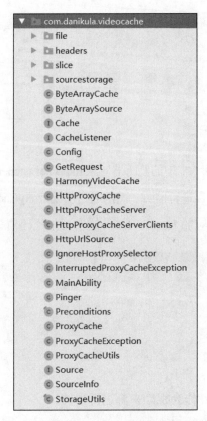

图 5-5　VideoCache_ohos 组件的功能实现文件

图 5-6　file 文件夹的组成结构

（1）FileCache 类

FileCache 类中规定了缓存文件的命名格式（后加.download）和存储的路径，完成了缓存文件的创建。类中具体实现如代码清单 5-8 所示。

代码清单 5-8　FileCache 类

```
//定义缓存文件的命名格式
private static final String TEMP_POSTFIX = ".download";
public FileCache(File file, DiskUsage diskUsage) throws ProxyCacheException {
    ...
    File directory = file.getParentFile();
    Files.makeDir(directory);
    boolean completed = file.exists();
    //文件的保存格式：根目录文件+文件名+之前定义的文件后缀格式
    this.file = completed ? file : new File(file.getParentFile(), file.getName
    () + TEMP_POSTFIX);
    //文件权限设置。缓存完成，文件只能读取；未缓存完成，文件可读可写
    this.dataFile = new RandomAccessFile(this.file, completed ? "r" : "rw");
    } catch (IOException e) {
    throw new ProxyCacheException("Error using file " + file + " as disc cache",
    e);
    }
```

（2）Files 类

Files 类是对 Java 中原有的 File 类的封装，区别在于原 File 类仅可处理一个文件，而 Files 类可同时对多个文件进行处理。

在代码清单 5-9 中，getLruListFiles()方法的参数是一个 directory（文件夹路径），在该方法中对参数 directory 下的所有文件进行拆分，返回一个 File 类型的列表，后续可对列表中的各个文件进行处理。

代码清单 5-9　Files 类

```
static List<File> getLruListFiles(File directory) {
    //通过 List 对 Files 内的文件进行处理
    List<File> result = new LinkedList<>();
    File[] files = directory.listFiles();
    //为各文件建立 LastModifiedComparator
    //LastModifiedComparator 可根据文件的上次修改的日期对文件进行排序
```

```
if (files != null) {
    result = Arrays.asList(files);
    Collections.sort(result, new LastModifiedComparator());
}
return result;
}
```

（3）LruDiskUsage 类

LruDiskUsage 类主要用于控制缓存文件的大小，它与 VideoCache 平行开了一个线程，实时记录缓存文件的数量、大小、存储空间等，超过预设的阈值时，执行特定的优化操作。具体实现如代码清单 5-10 所示。

代码清单 5-10　LruDiskUsage 类

```
private void trim(List<File> files) {
    long totalSize = countTotalSize(files);  //缓存文件的总大小
    int totalCount = files.size();                //缓存文件的总数量
    for (File file : files) {
        //未超过缓存文件的（总大小或总数量）的阈值时，接收缓存
        boolean accepted = accept(file, totalSize, totalCount);
        if (!accepted) {
            long fileSize = file.length(); //单一文件的大小
            boolean deleted = file.delete();  //文件是否为预备删除的文件
            //如果是准备删除的文件
            if (deleted) {
                totalCount--;  //缓存文件的总数量-1
                totalSize -= fileSize;  //缓存文件的总大小 - 预备删除的单一文件的大小
                LOG.info("Cache file " + file +
                    " is deleted because it exceeds cache limit");
            } else {
                LOG.error("Error deleting file " + file + " for trimming cache");
            }
        }
    }
}
```

（4）Md5FileNameGenerator 类

Md5FileNameGenerator 类实现了为输入文件路径生成对应的 MD5 值的功能。MD5 值是一种被"压缩"的保密格式，可以确保信息完整传输。Md5FileNameGenerator 类的具体实现如代码清单 5-11 所示。

代码清单 5-11　Md5FileNameGenerator 类

```
public class Md5FileNameGenerator implements FileNameGenerator {
    private static final int MAX_EXTENSION_LENGTH = 4;
    @Override
    public String generate(String url) {
        //获取文件名的后缀
        String extension = getExtension(url);
        //获取 MD5 值
        String name = ProxyCacheUtils.computeMD5(url);
        Boolean isEmpty = false;
        //文件后缀名为空时，设置 isEmpty 值为 true
        if (extension == null || extension.length() == 0)
            isEmpty = true;
        return isEmpty ? name : name + "." + extension;
    }
}
```

（5）TotalCountLruDiskUsage 类、TotalSizeLruDiskUsage 类和 UnlimitedDiskUsage 类

TotalCountLruDiskUsage 类对缓存文件总数量进行限制，只有在缓存文件的总数量未超过阈值时，组件才会继续缓存新的文件；TotalSizeLruDiskUsage 类对缓存文件总大小进行限制，只有在缓存文件的总大小未超过阈值时，组件才会缓存新的文件；LruDiskUsage 类是 TotalCountLruDiskUsage 类和 TotalSizeLruDiskUsage 类的父类，同时对缓存文件的总数量和总大小进行限制，只有在缓存文件的总数量和总大小均未超过阈值时，组件才会缓存新的文件。

TotalCountLruDiskUsage 类和 TotalSizeLruDiskUsage 类各有两个方法：一个方法用

于设定缓存文件的阈值；一个方法用于判断当前缓存数据是否超过了设定的阈值。

只有在不需要限制磁盘的缓存时，才会使用 UnlimitedDiskUsage 类。这个类本身是一个空的类，不对缓存文件的数量和大小做任何限制。

TotalCountLruDiskUsage 类、TotalSizeLruDiskUsage 类和 UnlimitedDiskUsage 类的具体实现如代码清单 5-12 所示。

代码清单 5-12　TotalCountLruDiskUsage 类、TotalSizeLruDiskUsage 类和 UnlimitedDiskUsage 类

```java
//控制缓存文件的总数量
public class TotalCountLruDiskUsage extends LruDiskUsage {
    private final int maxCount;
    //设置缓存文件的总数量的阈值
    public TotalCountLruDiskUsage(int maxCount) {
        if (maxCount <= 0) {
            throw new IllegalArgumentException("Max count must be positive number!");
        }
        this.maxCount = maxCount;
    }
    //当前缓存文件的总数量小于设定的阈值时，接收新文件
    @Override
    protected boolean accept(File file, long totalSize, int totalCount) {
        return totalCount <= maxCount;
    }
}
//控制缓存文件的总大小
public class TotalSizeLruDiskUsage extends LruDiskUsage {
    private final long maxSize;
    //设置缓存文件的总大小的阈值
    public TotalSizeLruDiskUsage(long maxSize) {
        if (maxSize <= 0) {
            throw new IllegalArgumentException("Max size must be positive number!");
        }
    }
```

```
    this.maxSize = maxSize;
}
//当前缓存文件的总大小小于设定的阈值时，接收新文件
@Override
protected boolean accept(File file, long totalSize, int totalCount) {
    return totalSize <= maxSize;
}
}
```

2. headers 文件夹

headers 文件夹的组成结构如图 5-7 所示。headers 文件夹中涉及的功能不多，仅有一个接口文件，以及一个用于实现 URL 和文件路径 hashmap（哈希映射，用于存储键值对的集合）匹配功能的类文件。这个匹配功能在 HttpProxyCacheServer 类中调用。

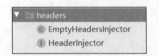

图 5-7 headers 文件夹的组成结构

3. slice 文件夹

slice 文件夹的组成结构如图 5-8 所示，里面只有 MainAbilitySlice 一个类。鸿蒙应用程序的 slice 用于第三方组件迁移中的可视化调试，在这里不对其作进一步分析。

图 5-8 slice 文件夹的组成结构

4. sourcestorage 文件夹

sourcestorage 文件夹的组成结构如图 5-9 所示，该文件夹主要用于管理数据库信息，如 URL、数据长度（Length）、请求资源的类型（MIME）等。sourcestorage 文件夹中的类主要被 5.1.2 节第 2 部分内容提到的 HttpProxyCacheServer 类调用。

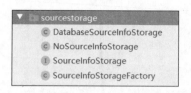

图 5-9　sourcestorage 文件夹的组成结构

图 5-9 中各文件构成了典型的工厂模式：SourceInfoStorage 是接口文件，文件中的方法可对数据库信息执行获取、写入、释放的操作；DatabaseSourceInfoStorage 类和 NoSourceInfoStorage 类是接口的实体类，在类中将接口中的方法重写，DatabaseSourceInfoStorage 实体类具体实现如代码清单 5-13 所示；SourceInfoStorageFactory 类是工厂类，可用于生成基于给定信息的实体类的对象。不了解工厂模式的读者可以自行在网上搜索"设计模式—工厂模式"进行学习。

代码清单 5-13　DatabaseSourceInfoStorage

```
class DatabaseSourceInfoStorage extends DatabaseHelper
  implements SourceInfoStorage {
    //数据库中存储 SourceInfo: URL、Length、MIME
    private static final String TABLE = "SourceInfo";
    private static final String COLUMN_ID = "_id";
    private static final String COLUMN_URL = "url";
    private static final String COLUMN_LENGTH = "length";
    private static final finavl String COLUMN_MIME = "mime";
    private static final String[] ALL_COLUMNS = new String[]{COLUMN_ID, COLUMN_URL,
COLUMN_LENGTH,COLUMN_MIME};
    //创建数据库的 SQL
    private static final String CREATE_SQL =
        "CREATE TABLE " + TABLE + " (" +
            COLUMN_ID + " INTEGER PRIMARY KEY AUTOINCREMENT NOT NULL," +
            COLUMN_URL + " TEXT NOT NULL," +
            COLUMN_MIME + " TEXT," +
            COLUMN_LENGTH + " INTEGER" +
            ");";
    private final RdbStore myRdbStore;
    //连接的数据库名字
```

```
    private final StoreConfig config =
                    StoreConfig.newDefaultConfig("AndroidVideoCache.db");
}

//get 指令，通过 URL 获取 SourceInfo
public SourceInfo get(String url) {
    checkNotNull(url);
    ResultSet cursor = null;
    try{
        RdbPredicates predicates = new RdbPredicates(TABLE);
        predicates.equalTo(COLUMN_URL, url);
        cursor = this.myRdbStore.query(predicates, null);
        return cursor == null || !cursor.goToFirstRow() ? null : convert(cursor);
    } finally {
        if (cursor != null) {
            cursor.close();
        }
    }
}
//put 指令，将 URL 和 SourceInfo 在数据库中登记绑定
public void put(String url, SourceInfo sourceInfo) {
    checkAllNotNull(url, sourceInfo);
    SourceInfo sourceInfoFromDb = get(url);
    boolean exist = sourceInfoFromDb != null;
    RdbPredicates predicates = new RdbPredicates(TABLE);
    if (exist) {
        predicates.contains(COLUMN_URL, url);
        this.myRdbStore.update(convert(sourceInfo), predicates);
    } else {
        this.myRdbStore.insert(TABLE, convert(sourceInfo));
    }
}
//release 指令：释放数据库控制流
@Override
public void release() {
    this.myRdbStore.close();
}
```

5. 22 个类文件

在介绍了 file、headers、slice、sourcestorage 文件夹之后，接下来要介绍 VideoCache_ohos 组件功能实现涉及的 22 个类文件。22 个类文件主要用于整合 file、headers、slice、sourcestorage 文件夹的主要功能，向外部提供 VideoCache_ohos 组件的接口，其中 HttpProxyCacheServer 是最主要的功能类文件，如图 5-10 所示，在 5.1.2 节中已经详细说明其外部调用方法。下面对 HttpProxyCacheServer 类的内部实现进行详细讲解。

图 5-10　主要功能类文件

（1）构造函数

在 HttpProxyCacheServer 类的构造函数中主要进行全局变量的初始化，并通过 ping 命令访问 PROXY_HOST（VideoCache 代理接口，也就是 LocalURL 所属的代理接口），判断是否可以直接连通。这个类的构造函数的具体实现如代码清单 5-14 所示。

代码清单 5-14　构造函数

```
private HttpProxyCacheServer(Config config) {
    this.config = checkNotNull(config);
    try {
```

```
//初始化各种全局变量
InetAddress inetAddress = InetAddress.getByName(PROXY_HOST);
this.serverSocket = new ServerSocket(0, 8, inetAddress);
this.port = serverSocket.getLocalPort();
IgnoreHostProxySelector.install(PROXY_HOST, port);
CountDownLatch startSignal = new CountDownLatch(1);
this.waitConnectionThread = new Thread(new WaitRequestsRunnable(startSignal));
this.waitConnectionThread.start();
startSignal.await(); // freeze thread, wait for server starts
//通过 ping 访问 PROXY_HOST，判断是否可以连通
this.pinger = new Pinger(PROXY_HOST, port);
LOG.info("Proxy cache server started. Is it alive? " + isAlive());
} catch (IOException | InterruptedException e) {
socketProcessor.shutdown();
throw new IllegalStateException("Error starting local proxy server", e);
}
}
```

（2）registerCacheListener 方法

registerCacheListener 方法的主要功能是对 URL 进行注册监听，其具体实现如代码清单 5-15 所示。

代码清单 5-15　registerCacheListener 方法

```
public void registerCacheListener(CacheListener cacheListener, String url) {
    checkAllNotNull(cacheListener, url);
    synchronized (clientsLock) {
        try {
        //对 URL 获取 Clients，并为其注册 CacheListener
            getClients(url).registerCacheListener(cacheListener);
        } catch (ProxyCacheException e) {
            LOG.warn("Error registering cache listener", e);
        }
    }
}
```

（3）getProxyUrl 方法

getProxyUrl 方法用于将已经注册过的 URL 转化为 cached LocalURL，其具体实现如
代码清单 5-16 所示。

代码清单 5-16　getProxyUrl 方法

```
public String getProxyUrl(String url) {
    return getProxyUrl(url, true);
}
public String getProxyUrl(String url, boolean allowCachedFileUri) {
    if (allowCachedFileUri && isCached(url)) {
        File cacheFile = getCacheFile(url);
        touchFileSafely(cacheFile);
        return Uri.getUriFromFile(cacheFile).toString();
    }
    return isAlive() ? appendToProxyUrl(url) : url;
}
```

当传入一个网络视频的 URL 时，getProxyUrl 方法会对该 URL 进行判断。如果可以
在代理服务器上进行缓存，则提供正确的 LocalURL 返回值，否则返回原 URL。

5.2　弹幕库组件 DanmakuFlameMaster_ohos

弹幕已经成为人们观看视频最常用的功能之一，市面上大多数视频播放平台都支持
弹幕功能，该功能是通过调用弹幕库组件来实现的。

DanmakuFlameMaster_ohos 是鸿蒙操作系统中使用的弹幕库组件，它是以 Android
的弹幕库组件 DanmakuFlameMaster 为基础实现的。在 DanmakuFlameMaster 的基础上，
我们针对鸿蒙操作系统进行了组件重构，最终成功地将其迁移到鸿蒙操作系统上，得到

了 DanmakuFlameMaster_ohos 组件。下文将详细介绍 DanmakuFlameMaster_ohos 组件的功能和使用。

5.2.1 功能展示

DanmakuFlameMaster_ohos 组件可实现弹幕的隐藏、显示、暂停、继续、发送、定时发送弹幕等一系列的功能，这些功能均是通过图 5-11 所示的屏幕下方的按钮进行触发的。

图 5-11 DanmakuFlameMaster_ohos 组件的弹幕效果

屏幕上显示的弹幕可以分为两种：普通弹幕和高级弹幕。

- **普通弹幕**：弹幕内容可以出现在屏幕的顶端、底端等位置，字体颜色可以是白色或彩色，字号可大可小，滚动方向为从屏幕右侧滚动至屏幕左侧。

- **高级弹幕**：在普通弹幕的基础上，增加闪现、停止等动画效果。弹幕滚动方向不定，可以设置为从屏幕左侧滚动至屏幕右侧，从屏幕下方滚动至屏幕上方等。

5.2.2　使用方法

在了解了 DanmakuFlameMaster_ohos 组件的功能后，接下来我们看一下 DanmakuFlameMaster_ohos 组件的使用方法。由于 3.2.1 节已经讲解过 jar 包的导入方法，因此这里默认已经成功导入 DanmakuFlameMaster_ohos 组件的 jar 包。

DanmakuFlameMaster_ohos 组件的基本使用方法可分为以下 9 个步骤。

第 1 步：创建整体的显示布局。

第 2 步：导入相关类并定义类对象。

第 3 步：设置界面入口。

第 4 步：获取窗口并设置窗口属性。

第 5 步：设置界面内各控件的监听。

第 6 步：设置弹幕属性。

第 7 步：添加弹幕的数据源。

第 8 步：设置回调方法和点击事件。

第 9 步：弹幕的绘制。

下面看一下每一个步骤涉及的详细操作。

第 1 步：创建整体的显示布局。

为了实现弹幕效果，此处需要采用 StackLayout 的布局方式，3 个组件叠加放置，如图 5-12 所示，最底层的 SurfaceProvider 可以提供一个用于播放视频的 Surface，中间层的 DanmakuView 用于显示弹幕内容，最上层的操作界面 Layout 用于放置控制弹幕的按钮。

基于 Java 语言搭建显示布局，适用于布局较为简单的情况，例如书中介绍的其他组件。弹幕库组件的显示布局较为复杂，所以此处采用 XML 文件的方式构建布局。

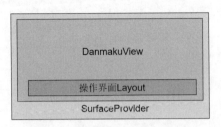

图 5-12　弹幕组件的布局示意图

进入 entry/src/main/resources/base/layout 目录下，创建 first_layout.xml 布局文件。按照图 5-12 所示，创建各组件，各组件的宽度和高度属性都设置为跟随父组件变化而调整，具体实现见代码清单 5-17。

代码清单 5-17　弹幕库组件的显示布局 XML

```xml
<?xml version="1.0" encoding="utf-8"?>
<StackLayout
        xmlns:ohos="http://schemas.huawei.com/res/ohos"
        ohos:id="$+id:all"
        ohos:height="match_parent"
        ohos:width="match_parent"
        ohos:bottom_padding="0"
        ohos:left_padding="@dimen/activity_horizontal_margin"
        ohos:right_padding="@dimen/activity_horizontal_margin"
        ohos:top_padding="@dimen/activity_vertical_margin"
        ohos:background_element="#000000"
        ohos:alpha="1.0fp">
    <ohos.agp.components.surfaceprovider.SurfaceProvider
            ohos:id="$+id:sf_video"
            ohos:height="match_parent"
            ohos:width="match_parent"/>
    <master.flame.danmaku.ui.widget.DanmakuView
            ohos:id="$+id:sv_danmaku"
            ohos:width="match_parent"
            ohos:height="match_parent" />
```

```
    <DependentLayout
        ohos:id="$+id:media_controller"
        ohos:width="match_parent"
        ohos:height="match_parent"
        ohos:orientation="vertical"
        ohos:alignment="left">
        <DirectionalLayout
            ohos:width="match_parent"
            ohos:height="match_content"
            ohos:layout_alignment="bottom"
            ohos:alignment="bottom"
            ohos:orientation="horizontal"
            ohos:bottom_margin="0px"
            ohos:align_parent_bottom="true"
            ohos:background_element="#614534">
            <Button
                ohos:margin="5px"
                ohos:weight="1"
                ohos:id="$+id:btn_rotate"
                ohos:width="match_content"
                ohos:height="match_content"
                ohos:text="旋转屏幕"
                ohos:text_size="20fp"
                ohos:background_element="#7C9CAC"/>
        ...
        </DirectionalLayout>
    </DependentLayout>
</StackLayout>
```

第 2 步：导入相关类并定义类对象。

在 MainAbilitySlice 中，通过 import 关键字导入与弹幕库相关的类。弹幕库的功能较为复杂，涉及的相关类较多，为了更好地识别各相关类的功能，此处将它们分为 3 种——SDK 类文件、第三方类文件和应用内类文件，如代码清单 5-18 所示。3 种相关类的特征如下。

- **SDK 类文件**：SDK 是一种软件开发工具包，为特定的软件包、软件框架、硬件平台、操作系统等提供支持。开发者可在安装 SDK 后，使用其提供的类文件。

- **第三方类文件**：第三方组件是具有特定功能的组件，开发者将其以 jar 包的形式引入后，可使用其提供的类文件。

- **应用内类文件**：这种类文件由开发者自行开发，用于本项目的功能实现。开发者无须安装即可使用。

代码清单 5-18　弹幕库功能的相关类

```
import ohos.aafwk.content.Intent;      // SDK 类文件
import ohos.agp.colors.RgbColor;
import master.flame.danmaku.controller.IDanmakuView;     // 第三方类文件
import master.flame.danmaku.danmaku.loader.ILoader;
import com.huawei.mytestapp.BiliDanmukuParser;      //应用内类文件
import com.huawei.mytestapp.ResourceTable;
```

完成上述 3 种相关类导入后，定义所需弹幕库组件的对象和按钮对象等。

第 3 步：设置界面入口。

在 onStart()方法中，通过 setUIContent()方法，将第 1 步中的 first_layout.xml 设置为界面入口。

```
super.setUIContent(ResourceTable.Layout_first_layout);
```

第 4 步：获取窗口并设置窗口属性。

在 onStart()方法中，设置窗口管理服务 WindowManager，它主要用来管理窗口的一些状态、属性、消息的收集和处理等，具体实现如代码清单 5-19 所示。WindowManager.getInstance()用来获取 WindowManager 的实例；LayoutConfig 作为 WindowManager 中的静态类，用来获取和设置当前窗口的一些属性；MARK_ALLOW_LAYOUT_COVER_SCREEN 用来设置窗口扩展以覆盖整个屏幕，同时保持状态栏的正确显示；layoutConfig.windowBrightness 用来设置窗口亮度。

代码清单 5-19　弹幕库功能的 UI 初始化

```
WindowManager windowManager = WindowManager.getInstance();
Window window = windowManager.getTopWindow().get();
WindowManager.LayoutConfig layoutConfig = new WindowManager.LayoutConfig();
layoutConfig.flags = WindowManager.LayoutConfig.MARK_ALLOW_LAYOUT_COVER_SCREEN;
layoutConfig.flags = layoutConfig.flags | WindowManager.LayoutConfig.MARK_FULL_SCREEN;
layoutConfig.windowBrightness = 1.0f;    //设置窗口亮度
window.setLayoutConfig(layoutConfig);
window.addFlags(WindowManager.LayoutConfig.MARK_LAYOUT_ATTACHED_IN_DECOR);
window.addFlags(WindowManager.LayoutConfig.MARK_LAYOUT_INSET_DECOR);
window. setBackgroundColor(new RgbColor(0xB7B208));    //窗口背景颜色
```

第 5 步：设置界面内各控件的监听。

在 onStart()方法的最后会调用 findViews()方法，在 findViews()方法中，首先会使用定位方法 findComponentById()，此方法为第 2 步中定义的多个类对象指明其对应的控件。然后为各对象设置监听方法，方便控制弹幕的显示效果，具体实现如代码清单 5-20 所示。

代码清单 5-20　各对象定位控件及设置监听

```
mAll = findComponentById(ResourceTable.Id_all);
mMediaController = findComponentById(ResourceTable.Id_media_controller);
mSurfaceProvider =(SurfaceProvider) findComponentById(ResourceTable.Id_sf_video);

mBtnRotate = (Button) findComponentById(ResourceTable.Id_btn_rotate);
mBtnHideDanmaku = (Button) findComponentById(ResourceTable.Id_btn_hide);
mBtnShowDanmaku = (Button) findComponentById(ResourceTable.Id_btn_show);
mBtnPauseDanmaku = (Button) findComponentById(ResourceTable.Id_btn_pause);
mBtnResumeDanmaku = (Button) findComponentById(ResourceTable.Id_btn_resume);
mBtnSendDanmaku = (Button) findComponentById(ResourceTable.Id_btn_send);
```

```
mBtnSendDanmakuTextAndImage = (Button) findComponentById(ResourceTable.Id_btn_send_
image_text);
mBtnSendDanmakus = (Button) findComponentById(ResourceTable.Id_btn_send_danmakus);
mAll.setClickedListener(this);
mSurfaceProvider.setClickedListener(this);
mBtnRotate.setClickedListener(this);

mBtnHideDanmaku.setClickedListener(this);
mMediaController.setClickedListener(this);
mBtnShowDanmaku.setClickedListener(this);
mBtnPauseDanmaku.setClickedListener(this);
mBtnResumeDanmaku.setClickedListener(this);
mBtnSendDanmaku.setClickedListener(this);
mBtnSendDanmakuTextAndImage.setClickedListener(this);
mBtnSendDanmakus.setClickedListener(this);
```

如图 5-11 所示，弹幕库组件的显示界面上共有 8 个按键，可以控制弹幕的隐藏、显示、暂停、继续等。代码清单 5-21 给出了部分按钮的控制逻辑。

代码清单 5-21   各对象定位控件及设置监听

```
@Override
public void onClick(Component v) {
  ...
  if (v == mBtnRotate) {   //转屏
    int orientation = this.getDisplayOrientation();
    if (orientation == 0){
        this.setDisplayOrientation(AbilityInfo.DisplayOrientation.PORTRAIT);
    }else{        this.setDisplayOrientation(AbilityInfo.DisplayOrientation.LANDSCAPE);
    }
  } else if (v == mBtnHideDanmaku) {
    mDanmakuView.hide();   //隐藏弹幕
  } else if (v == mBtnShowDanmaku) {
    mDanmakuView.show();    //显示弹幕
  } else if (v == mBtnPauseDanmaku) {
    mDanmakuView.pause();    //暂停弹幕
```

```
      printMem(); //输出系统内存信息
   } else if (v == mBtnResumeDanmaku) {
      mDanmakuView.resume();   //继续弹幕
   } else if (v == mBtnSendDanmaku) {
      addDanmaku(false);
   } else if (v == mBtnSendDanmakuTextAndImage) {
   } else if (v == mBtnSendDanmakus) {
      Boolean b = (Boolean) mBtnSendDanmakus.getTag();
      timer.cancel();
      if (b == null || !b) {      //定时发送
         mBtnSendDanmakus.setText("取消定时");
         timer = new Timer();
         timer.schedule(new AsyncAddTask(), 0, 1000);
         mBtnSendDanmakus.setTag(true);
      } else {
         mBtnSendDanmakus.setText("定时发送");
         mBtnSendDanmakus.setTag(false);
      }
   }
}
```

第 6 步：设置弹幕属性。

这一步可以设置弹幕内容的具体属性，例如最大显示行数、是否禁止重叠、描边样式、滚动速度等。读者可以根据需求进行设定，代码清单 5-22 给出的仅为建议的属性设置。

代码清单 5-22　设置弹幕属性

```
//设置最大显示行数
HashMap<Integer, Integer> maxLinesPair = new HashMap<Integer, Integer>();
maxLinesPair.put(BaseDanmaku.TYPE_SCROLL_RL, 5); //滚动弹幕最大显示 5 行
//设置是否禁止重叠
HashMap<Integer, Boolean> overlappingEnablePair = new HashMap<Integer, Boolean>();
overlappingEnablePair.put(BaseDanmaku.TYPE_SCROLL_RL, true);
overlappingEnablePair.put(BaseDanmaku.TYPE_FIX_TOP, true);
```

```
mDanmakuView = (IDanmakuView) findComponentById(ResourceTable.Id_sv_danmaku);
mContext = DanmakuContext.create();
mContext.setDanmakuStyle(IDisplayer.DANMAKU_STYLE_STROKEN, 3)      //设置描边样式
    .setDuplicateMergingEnabled(false)    //设置不合并相同内容弹幕
    .setScrollSpeedFactor(0.9f)                   //设置弹幕滚动速度缩放比例，比例越大速度越慢
    .setScaleTextSize(1.2f)                       //设置字体缩放比例
    .setCacheStuffer(new SimpleTextCacheStuffer(), mCacheStufferAdapter)
    .setMaximumLines(maxLinesPair)                      //设置最大行数策略
    .preventOverlapping(overlappingEnablePair)    //设置禁止重叠策略
    .setDanmakuMargin(40);
```

第 7 步：添加弹幕的数据源。

mParser 为弹幕解析器 BaseDanmakuParser 的全局实例对象，这里通过 createParser()
方法解析数据流，为解析器添加数据源，其中数据源 InputStream 为从资源文件目录
resources/rawfile 下解析的 comments.xml 文件，如图 5-13 所示。具体实现如代码清单 5-23
所示。

代码清单 5-23　添加弹幕的数据源

```
InputStream stream = this.getResourceManager().getRawFileEntry("resources/rawfile/
comments.xml").openRawFile();
mParser = createParser( stream );
```

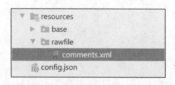

图 5-13　comments.xml 文件位置

第 8 步：设置回调方法和点击事件。

这一步为弹幕库对象设置回调方法和点击事件，其中回调方法 prepared()尤为重要，
它可用于启动弹幕。具体实现如代码清单 5-24 所示。

代码清单 5-24 设置回调方法和点击事件

```
mDanmakuView.setCallback(new master.flame.danmaku.controller.DrawHandler.Callback() {
    @Override
    public void updateTimer(DanmakuTimer timer) {

    }
    @Override
    public void drawingFinished() {

    }
    @Override
    public void danmakuShown(BaseDanmaku danmaku) {

    }
    @Override
    public void prepared() {
        mDanmakuView.start();   //启动弹幕
    }
});
mDanmakuView.setOnDanmakuClickListener(new IDanmakuView.OnDanmakuClickListener() {
    @Override
    public boolean onDanmakuClick(IDanmakus danmakus) {
        BaseDanmaku latest = danmakus.last();
        if (null != latest) {
            return true;
        }
        return false;
    }
    @Override
    public boolean onDanmakuLongClick(IDanmakus danmakus) {
        return false;
    }
    @Override
    public boolean onViewClick(IDanmakuView view) {
        mMediaController.setVisibility(Component.VISIBLE);
        return false;
    }
});
```

第 9 步：弹幕的绘制。

这里的回调方法 prepare()在执行时会调用第 8 步中的 start()方法，实现弹幕的准备和启动。具体实现如代码清单 5-25 所示。

代码清单 5-25 弹幕的绘制

```
mDanmakuView.prepare(mParser, mContext);  //启动弹幕
mDanmakuView.showFPS(true);  // 是否显示 FP
mDanmakuView.enableDanmakuDrawingCache(true);  // 提升屏幕的绘制效率
```

5.2.3 拓展进阶

多线程之间的通信是在 DanmakuFlameMaster_ohos 组件中起到至关重要作用的功能。该功能不是 DanmakuFlameMaster_ohos 组件特有的算法，而是鸿蒙操作系统提供的通信机制。本节将重点讲解该机制实现的原理和步骤。

要实现多线程通信机制，需要消息发送方构建（或实例化）一个结构化对象来进行消息的传递（并携带消息本身）。这个携带着消息的结构化对象到了消息接收方后，会进入一个消息队列等待处理。结构化对象被取出后，会进入消息接收方的信息处理逻辑。处理完成后消息接收方会生成一个反馈（回调），将处理结果反馈给消息发送方。

在鸿蒙操作系统中，使用 EventHanlder 来处理线程之间的通信，与其一起工作的还有下述组件：

- InnerEvent 表示 EventHanlder 接收和处理的事件；

- Runnable 表示 EventHanlder 接收和处理的任务；

- EventQueue 表示消息队列，采用先进先出的方法管理 InnerEvent 和 Runnable；

- EventRunner 是一种事件循环器，可以循环从事件队列 EventQueue 中获取 InnerEvent 事件或者 Runnable 任务。

其运行机制如图 5-14 所示。

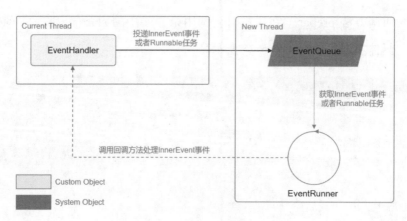

图 5-14　EventHandler 的运作机制

多线程通信机制具体操作步骤如下：

第 1 步：调用 EventRunner.create(true)方法，创建一个拥有新线程的 EventRunner，其工作模式为托管模式。

第 2 步：EventRunner 对象的构造器会创建与之配套的 EventQueue，然后调用 EventRunner.run()方法不断地在主线程中尝试取出 InnerEvent 事件或者 Runnable 任务。

第 3 步：创建 EventHanlder 实例，重写 processEvent()方法或者 run()方法。如果 EventRunner 取出的事件为 InnerEvent 事件，执行 processEvent()进行处理，如果 EventRunner 取出的事件为 Runnable 任务，则执行 run()方法进行处理。

第6章 实用工具组件

　　鸿蒙操作系统提供了很多基础的实用工具组件，通过调用已经开放的接口，可以实现各种简单的辅助操作。实用工具组件可辅助实现更加复杂的功能，有助于开发者快速开发应用，为各种应用增加多样性、便利性、体验性等，从而满足用户更丰富的需求。

　　本章基于 Android 实用工具组件的使用热点，精选了应用最为广泛、使用最为频繁的几个经典开源组件进行讲解，并对组件功能在鸿蒙操作系统中的实现原理进行介绍，希望读者能够基于这些组件进行快速的应用开发。

6.1　图片裁剪组件 ImageCropper_ohos

　　ImageCropper_ohos 是鸿蒙操作系统中使用的图片裁剪组件，它是以 Android 的图片裁剪组件 Android-Image-Cropper 为基础实现的。在 Android-Image-Cropper 的基础上，我们针对鸿蒙操作系统进行了组件重构，最终成功地将其迁移到鸿蒙操作系统上，得到了 ImageCropper_ohos 组件。

　　图片裁剪组件 ImageCropper_ohos 是一个简单、灵活、高效的图片裁剪工具，支持用户进行裁剪框移动、旋转、翻转（水平或垂直）等操作，从而带来更好的图片展示效果。下文将详细介绍基于鸿蒙操作系统的 ImageCropper_ohos 组件的功能和使用。

6.1.1　功能展示

ImageCropper_ohos 组件向用户提供了 3 个界面：初始界面、功能选择界面、效果展示界面。该组件的主要功能集中于功能选择界面，该界面提供了取消、旋转、水平翻转、垂直翻转、裁剪等功能。

初始界面和功能选择界面如图 6-1 所示。在功能选择界面中，cancel 表示取消裁剪，rotate 表示图片固定角度翻转，horFlip 与 verFlip 分别表示水平翻转与垂直翻转，crop 表示选择裁剪。下面通过示例展示整个功能实现的界面跳转效果。

图 6-1　由初始界面跳转至功能选择界面

1. 初始界面跳转至功能选择界面

首先进入初始界面，然后点击 startCrop 按钮进入功能选择界面，如图 6-1 所示。

2. 功能选择界面跳转至效果展示界面

在进入功能选择界面后，从项目文件中读取一张图片资源文件。有关从手机本地读取图片或基于 URL 读取图片的实现细节，请见 6.2 节，这里暂不讲解。通过图 6-2 中左图上方的功能菜单，可以对图片进行调整与更改。对图片进行处理后，可以用手指拖曳移动裁剪框，从而选择目标内容进行裁剪。在裁剪成功后，将跳转至效果展示界面，如图 6-2 中的右图所示。此时 startCrop 按钮依然存在，可以继续对图片进行裁剪。

图 6-2   由功能选择界面跳转至效果展示界面

3. 裁剪取消后跳转至初始界面

如果点击 cancel 按钮取消裁剪，则跳转至初始界面重新等待裁剪任务，如图 6-3 所示。

图 6-3   功能选择界面跳转至取消后初始界面

111

6.1.2　使用方法

在了解了 ImageCropper_ohos 组件的功能后，接下来我们看一下 ImageCropper_ohos 组件的使用方法。由于 3.2.1 节已经讲解过 jar 包的导入方法，因此这里默认已经成功导入 ImageCropper_ohos 组件的 jar 包。

ImageCropper_ohos 组件的基本使用方法可分为以下 4 个步骤。

第 1 步：导入相关类并实例化对象。

第 2 步：跳转至功能选择界面。

第 3 步：跳转至效果展示界面。

第 4 步：获得裁剪图片。

下面看一下每一个步骤涉及的详细操作。

第 1 步：导入相关类并实例化对象。

在 MainAbilitySlice 中，通过 import 关键字导入 CropImage 类，并在 onStart()方法中实例化 CropImage 类对象：

```
import com.theartofdev.edmodo.cropper.CropImage;
```

第 2 步：跳转至功能选择界面。

CropImage 是个工具类，可以实现界面跳转功能。这里将该类的功能放入 Button 按钮的点击事件中，执行该类可以从用户的初始界面跳转至功能选择界面。跳转至功能选择界面的具体实现如代码清单 6-1 所示，需要注意的一点是，裁剪前的图片必须为正方形。

代码清单 6-1　跳转至功能选择界面

```
CropImage.activity()  //初始化 CropImage 类
    .setContext(this) //设置上下文
```

```
.setSource(ResourceTable.Media_baochi) //传入被裁剪图片的 ID
.setBundleName("com.huawei.mytestproject") //传入包名
.setAbilityName("com.huawei.mytestproject.MainAbility") //传入类名
.setRequset_code(1234) //请求参数设置
.start(super.getAbility(),this);//启动跳转
```

第 3 步：跳转至效果展示界面。

当裁剪完毕时，会根据用户提供的包名和类名跳转至效果展示界面，来展示裁剪后的图片。跳转至效果展示界面的具体实现如代码清单 6-2 所示。

代码清单 6-2　跳转至效果展示界面

```
//裁剪方法
private void crop(Intent intentOriginal) {
    ...
    Intent intent = new Intent();
    ...
    Operation operation = new Intent.OperationBuilder()
            .withDeviceId("")
            //指定图片裁剪后返回的 Ability 包名和类名
            .withBundleName(intentOriginal.getStringParam("bundleName"))
            .withAbilityName(intentOriginal.getStringParam("abilityName"))
            .build();
    intent.setOperation(operation); // 把 operation 设置到 intent 中
    startAbility(intent); //跳转方法
}
```

第 4 步：获得裁剪图片。

裁剪后的图片是位图格式（PixelMap），原因在拓展进阶部分解析，此处介绍获取裁剪后位图的两种方法。

● 传入一个新创建的组件，用以接收被裁剪后的位图，用户后续可以把该组件加入自己的布局中进行显示：

```
CropImage.handleImage(int result_code , Component image);
```

在上面的方法中，result_code 为结果参数，可以通过这个参数来判断裁剪是否成功。参数 result_code 可以从 intent 中获得：

```
int result_code = result.getIntParam("result_code" , 0);
```

- 可以返回裁剪后的位图，然后由用户根据需要自行处理：

```
PixelMap croppedPixelMap = CropImage.getCroppedPixelMap();
```

6.1.3　拓展进阶

通过 6.1.2 节介绍的使用方法，相信读者已经可以简单使用 ImageCropper_ohos 组件实现图片的翻转和裁剪效果。本节将重点介绍本组件核心功能的实现原理，包括图片裁剪、裁剪框移动、图片旋转、图片翻转（水平或垂直）4 个功能。

1. 图片裁剪

图片裁剪的主要原理是解码和坐标对应，如图 6-4 所示。

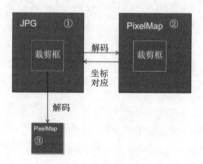

图 6-4　图片裁剪的原理

接下来通过 3 个步骤对裁剪的过程进行详细讲解。

第 1 步：将 JPG 图片解码为对应的位图。

第 2 步：确定 JPG 图中需要裁剪的区域，实现坐标映射。

第 3 步：对裁剪区域进行解码，得到裁剪图片的位图。

下面看一下每一个步骤涉及的详细操作。

第 1 步：将 JPG 图片解码为对应的位图。

在图 6-4 中，被裁剪的图片①为 JPG 格式（目前可支持的格式有 JPEG、PNG、GIF、HEIF、WebP 和 BMP），不可以直接用于图像裁剪、翻转、旋转等操作。因此，采用工具类 ImageSource 将 JPG 图片解码为对应的位图（图 6-4 中图片②）后，就可以直接对位图进行上述操作了。解码过程的具体实现如代码清单 6-3 所示。

代码清单 6-3　解码过程

```
//实例化一个资源选项类
ImageSource.SourceOptions options = new ImageSource.SourceOptions();
//选择解码 JPG 图片
options.formatHint = "image/jpg";
//实例化一个解码选项
ImageSource.DecodingOptions decodingOptions = new ImageSource.DecodingOptions();
//设置解码后的位图为可以编辑
decodingOptions.editable = true;
//解码选项可以传入一个矩形，如果不传，默认解码完整的图片
//decodingOptions.desiredRegion = new Rect(0 , 0 , 100 , 100);
try {
    Resource asset = assetManager.openRawFile();
    //图片资源
    ImageSource source = ImageSource.create(asset, options);
    //返回解码后的位图
    return
Optional.ofNullable(source.createPixelmap(decodingOptions)).get();
}
...
```

第 2 步：确定 JPG 图中需要裁剪的区域，实现坐标映射。

在位图中，用户通过拖动裁剪框选择需要裁剪的位置，在确定位置后将按照坐标原理映射到 JPG 图片中，如图 6-4 的①中的虚线裁剪框所示。

图片在裁剪之前，若没有发生旋转、翻转等操作，实线裁剪框在位图中的位置和虚线裁剪框在 JPG 图片中的位置是一样的，此时 JPG 图片中的裁剪区域获取较为简单。

如果图片在裁剪前发生了旋转、翻转等操作，应采用图 6-5 所示的方法获取 JPG 图片中的裁剪区域。以裁剪前图片顺时针旋转 90° 为例，将图片所在坐标系的左上、右上、右下、左下的点分别设置为 0、1、2、3，并定义图片的左上角为 A 点，左下角为 B 点，此时 A=0、B=3。当图片顺时针旋转 90° 以后，图片的 A 点转到了右上角，B 点转到了左上角，此时 A=1、B=0。由此可以推算出 AB 边的位置，计算出裁剪框在位图中相对于 AB 边的位置，然后就可以确定 JPG 图中需要裁剪的区域，最终实现坐标的映射。

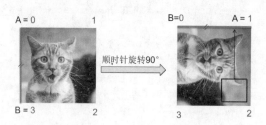

图 6-5　确定位图的 AB 边

第 3 步：对裁剪区域进行解码，得到裁剪图片的位图。

在图 6-4 的①中，对虚线裁剪框对应的区域进行解码，得到用户想要的裁剪图片的位图（图 6-4 的③），裁剪功能完成。上述功能的具体实现如代码清单 6-4 所示。

代码清单 6-4　对裁剪区域解码得到相应位图

```
//解码
try {
    Resource asset = assetManager.openRawFile();
    ImageSource source = ImageSource.create(asset, options);
```

```
    //返回解码后的位图
    return Optional.ofNullable(source.createPixelmap(decodingOptions)).get();
    } catch (IOException e) {
    e.printStackTrace();
}
return Optional.empty();
```

2. 裁剪框移动

裁剪框移动的原理是，为裁剪框绑定一个手指点击事件，如果监听到了手指点击，就获取当前裁剪框的大小和位置。击点移动后，则刷新裁剪框的绘制方法，以新的击点为中心重新绘制一个裁剪框，并记录新的裁剪框的大小和位置信息，从而实现裁剪框的移动，其效果如图 6-6 所示。具体实现如代码清单 6-5 所示。

图 6-6　裁剪框移动

代码清单 6-5　裁剪框移动

```
//滑动监听
public void setSlideListener() {
        //初始化滑动监听
        mCropBound.setTouchEventListener(new Component.TouchEventListener() {
        //创建一个 RectFloat 用来记录滑动之后的位置
```

```
RectFloat mScrolledClipBoundRect;
@Override
public boolean onTouchEvent(Component component, TouchEvent touchEvent)
{
    //获得当前手指点击位置，此位置为相对于整个屏幕的坐标，屏幕左上角 x=0，y=0
    MmiPoint position = touchEvent.getPointerPosition(0);
    float x = position.getX();
    float y = position.getY();
    //获得当前裁剪框的宽和高
    float width = getCropBoundWidth();
    float height = getCropBoundHeight();

    //获得当前图片的位置，图片所在的上下左右边的位置
    int left = mBitmapUtils.getPositionLeft();
    int top = mBitmapUtils.getPositionTop();
    int right = mBitmapUtils.getPositionRight();
    int bottom = mBitmapUtils.getPositionBottom();
    //获得裁剪框位置，裁剪框所在的上下左右边的位置
    float cropBoundLeft = mCropRect.left;
    float cropBoundTop = mCropRect.top;
    float cropBoundRight = mCropRect.right;
    float cropBoundBottom = mCropRect.bottom;
    //判断裁剪框的位置，裁剪框不能超过图片的边界
    if ((right > (x + width / 2)) &&
            ((x - width / 2) > left) &&
            (bottom > (y + height / 2)) &&
            ((y - height / 2) > top)
            ) {
        //判断裁剪框的位置，点击事件必须在裁剪框内才可以移动裁剪框
        if((cropBoundRight - width/10 > x) &&
                (x > cropBoundLeft + width/10) &&
                (cropBoundBottom - height/10> y) &&
                (y > cropBoundTop + height/10)){
            //记录新的裁剪框的位置信息
            mScrolledClipBoundRect = new RectFloat(x - width / 2.0f, y -
            height / 2.0f, x + width / 2.0f, y + height / 2.0f);
```

```
                //更新裁剪框
                updateClipBound(mCropBound, mScrolledClipBoundRect);
                //更新记录裁剪框位置信息的矩形
                mCropRect = mScrolledClipBoundRect;
                return false;
            }
        }
        return false;
    }
});
}
```

3. 图片旋转

JPG 格式的图片不能执行旋转操作，因此需要先在旋转之前将 JPG 格式的图片转换为位图。这里需要说明的一点是图片坐标轴的确定，其坐标轴与计算机屏幕上的坐标轴表示方向相同，即以图片的左上角作为原点，原点水平向右为 x 轴的正向，原点垂直向下为 y 轴的正向。在转换为位图之后就可以以图片中心为中心点旋转 90°，实现旋转操作了，其实现效果如图 6-7 所示。具体实现如代码清单 6-6 所示。

图 6-7　图片旋转

代码清单6-6　图片旋转

```
private void rotate(Canvas canvas){
    //以图片中心为旋转中心，旋转90°
    canvas.rotate(90 , mCropWindowHandler.getWindowWidth()/2 , mCropWindowHandler.get
    WindowWidth()/2);
}
```

4. 图片翻转

与图片旋转同理，JPG 格式的图片也不可以执行翻转的操作，因此这里依然需要先将 JPG 图片转换为位图，然后再对位图进行翻转操作。其中，翻转操作分为以下两种。

（1）水平翻转

图片水平翻转的效果如图 6-8 所示。根据确定坐标轴的方法，将位图先向 x 轴负方向缩放一倍，其大小没有变化，但是坐标发生变化，实现了以 y 轴为对称轴向左翻转，然后向 x 轴正方向（即向右）移动图片宽度的距离，实现位图的水平翻转，具体实现如代码清单 6-7 所示。

图6-8　图片水平翻转

120

代码清单 6-7　水平翻转

```
//水平翻转方法（Canvas 倒序执行）
private void horizontalFilp(Canvas canvas){
    canvas.save();
    //向 x 轴正方向移动
    canvas.translate(mCropWindowHandler.getWindowWidth() , 0);
    //向 x 轴负方向缩放一倍
    canvas.scale(-1f , 1f);
}
```

（2）垂直翻转

　　图片垂直翻转的效果如图 6-9 所示，其坐标系的设置与水平翻转相同，将位图先向 y 轴负方向缩放一倍，其大小没有变化，但是坐标点发生变化，位图实现了以 x 轴为对称轴向上翻转，然后向 y 轴正方向（即向下）移动图片高度的距离，实现图片的垂直翻转。具体实现如代码清单 6-8 所示。

图 6-9　图片垂直翻转的效果

代码清单 6-8　垂直翻转

```
//竖直翻转方法（Canvas 倒序执行）
private void verticalFilp(Canvas canvas){
    canvas.save();
```

```
//向 y 轴正方向移动
canvas.translate(0 , mCropWindowHandler.getWindowWidth());
//向 y 轴负方向缩放一倍
canvas.scale(1f , -1f);
}
```

6.2　图片裁剪组件 uCrop_ohos

uCrop_ohos 是鸿蒙操作系统中使用的图片裁剪组件，它是以 Android 的图片裁剪组件 uCrop 为基础实现的。在 uCrop 的基础上，我们针对鸿蒙操作系统进行了组件重构，最终成功地将其迁移到鸿蒙操作系统上，得到了 uCrop_ohos 组件。

uCrop_ohos 组件具有封装程度高、使用流畅、自定义自由度高等优点，可以提供图片的裁剪、旋转、缩放等多项功能。下文将详细介绍基于鸿蒙操作系统的 uCrop_ohos 组件的功能和使用。

6.2.1　功能展示

Android 和鸿蒙的 UI 组件差异较大，要想在鸿蒙上复现 Android 版本的 uCrop 的功能，需要完全重构该组件的 UI 部分，因此尽管 uCrop_ohos 在逻辑结构上与 Android 组件 uCrop 大同小异，但 uCrop_ohos 在 UI 效果展示上会与 uCrop 截然不同。

下面从两个界面来演示 uCrop_ohos 组件的使用效果：图片选择界面和图片裁剪界面。

1. 图片选择界面

uCrop_ohos 组件支持从手机相册读取图片进行裁剪。首先，用户需要为组件赋予本机相册文件读写的权限，如图 6-10 所示；然后在获取权限后进入图片选择界面，选择图片获取方式，可以选择获取相册图片或网络图片，图片选择界面如图 6-11 所示；接着点击第一个按钮"相册图片"后可进入系统相册缩略图列表，用户可以上下滑动滚动列表寻找目标图片，效果如图 6-12 所示；最后，当用户点击图片触发点击事件时跳转至图片裁剪界面，可在这个界面对目标图片进行裁剪操作。

图 6-10 赋予读写权限

图 6-11 图片选择界面

图 6-12　选择系统相册图片

除此以外，uCrop_ohos 还支持通过网络请求来裁剪网络图片。点击图 6-11 中的第二个按钮"网络图片"后，用户可以将图片的网络地址输入文本输入框内并点击"确定"按钮，如图 6-13 所示，系统会自动加载相应的图片。当网络图片加载成功后，界面自动跳转至裁剪界面，如图 6-14 所示。

图 6-13　选择网络图片

图 6-14　uCrop_ohos 的裁剪界面

2. 图片裁剪界面

在图 6-14 中，用户可以通过手势对图片进行缩放、旋转和平移操作，也可以通过控件（按钮、滑块等）进行相应的操作。在将图片调整至满意状态时，点击"裁剪"按钮即可获得裁剪后的新图片，并可将其保存到系统的相册文件中。

值得一提的是，uCrop_ohos 组件的一个亮点就是图片与裁剪框的自适应能力，即能够保证裁剪框时刻处于图片范围之内，防止因裁剪框超限导致组件运行错误。

6.2.2　使用方法

使用 uCrop_ohos 组件只需要构建 UI 布局，并使用布局中的控件调用相关类的接口即可。其功能架构比较简洁，如图 6-15 所示，由两个主要的部分构成：第一部分由 CropPicture 实现图片裁剪相关的功能，如 UCropView 类的定义与调用、创建整体的显示布局、旋转角度的设置等；第二部分是图片的选择功能，主要负责图片资源的加载，由 HttpPictureChoose 和 LocalPictureChoose 分别实现网络 URI 与本地读取两种方式。下面介绍有关方法的具体实现。

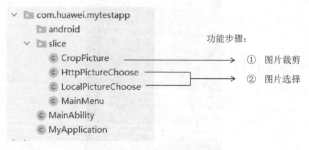

图 6-15　裁剪功能工程结构图

uCrop_ohos 组件的基本使用方法可分为以下 3 个步骤。

第 1 步：实例化 UCropView 类。

第 2 步：调用 UCropView 类实现对图片的手势操作能力。

第 3 步：LocalPictureChoose 实现图片选择功能。

下面看一下每一个步骤涉及的详细操作。

第 1 步：实例化 UCropView 类。

UCropView 类是封装后的 jar 类，能够提供 uCrop_ohos 组件的大部分核心功能。裁剪前后的图片需要两个 URI 进行导入与导出：uri_i 从 intent 中获得，用于标识原图（可以是网络图片，也可以是本地相册图片）；而 uri_o 用于标识原图副本（是一个本地图片）。CropPicture 裁剪配置的具体实现如代码清单 6-9 所示。

代码清单 6-9　CropPicture

```
//实例化 UCropView 类
UCropView uCropView = new UCropView(this);
uCropView.getCropImageView().setImageUri(uri_i, uri_o);
uCropView.getOverlayView().setShowCropFrame(true); //外围边框
uCropView.getOverlayView().setShowCropGrid(true); //内部网格
```

```
uCropView.getOverlayView().setDimmedColor(Color.TRANSPARENT.getValue());
//边框颜色效果，Android 可以设置透明程度，鸿蒙中不可以
```

第 2 步：调用 UCropView 类实现对图片的手势操作功能。

UCropView 类自带对图片的手势操作能力，同时为开发者提供了 public 接口，易于开发者封装自己的 UI 组件。例如，在本组件中旋转缩放拖曳条和按钮、显示当前旋转和缩放状态功能都是依靠调用类接口实现的，调用相关类接口的具体实现见代码清单 6-10 所示。

代码清单 6-10　调用接口

```
//按钮（顺时针旋转 90°）
Button button_plus_90 = new Button(this);
button_plus_90.setText("+90°");
button_plus_90.setTextSize(80);
button_plus_90.setBackground(buttonBackground);
button_plus_90.setClickedListener(new Component.ClickedListener() {
    @Override
    public void onClick(Component component) {
        float degrees = 90f;
        //计算旋转中心
        float center_X = uCropView.getOverlayView().getCropViewRect().getCenter().
        getPointX();
        float center_Y = uCropView.getOverlayView().getCropViewRect().getCenter().
        getPointY();
        //旋转
        uCropView.getCropImageView().postRotate(degrees,center_X,center_Y);
        //适配
        uCropView.getCropImageView().setImageToWrapCropBounds(false);
        //显示旋转角度
        mDegree = uCropView.getCropImageView().getCurrentAngle();
        text.setText("当前旋转角度：" + df.format(mDegree) + " °");
    }
});
```

上述代码流程比较简单且便捷，先创建一个按钮，然后设置其 onClick()点击事件，其核心能力是依靠调用类接口中的 postRotate()方法实现的，从而得到用户点击按钮后图片右旋 90° 的效果。

第 3 步：LocalPictureChoose 实现图片选择功能。

前文提到，CropPicture 中的 UCropView 的 uri_i 是通过 intent 得到的，这个 intent 就是由 LocalPictureChoose 或 HttpPictureChoose 传过去的，LocalPictureChoose 用于提供选择本地图片的能力，HttpPictureChoose 用于提供选择网络图片的能力。

接下来着重对 LocalPictureChoose 进行介绍，LocalPictureChoose 可以将系统相册中的全部图片读取出来，然后做成缩略图排列在 UI 布局上，并为每个缩略图绑定一个触摸监听器，一旦用户选中某个缩略图，就会将这个缩略图对应的原图 URI 放在 intent 中传给 CropPicture。具体实现代码如代码清单 6-11 所示。

代码清单 6-11　LocalPictureChoose 选择本地图片

```
private void showImage() {
    DataAbilityHelper helper = DataAbilityHelper.creator(this);
    try {
        // columns 为 null，查询记录所有字段，当前例子表示查询 id 字段
        ResultSet resultSet = helper.query(AVStorage.Images.Media.EXTERNAL_DATA_ABILITY_
        URI, new String[]{AVStorage.Images.Media.ID}, null);
        while (resultSet != null && resultSet.goToNextRow()) {
            //创建 image 用以显示系统相册缩略图
            PixelMap pixelMap = null;
            ImageSource imageSource = null;
            Image image = new Image(this);
            image.setWidth(250);
            image.setHeight(250);
            image.setMarginsLeftAndRight(10, 10);
            image.setMarginsTopAndBottom(10, 10);
            image.setScaleMode(Image.ScaleMode.CLIP_CENTER);
            // 获取 id 字段的值
```

```
            int id = resultSet.getInt(resultSet.getColumnIndexForName(AVStorage.Images.
        Media.ID));
            Uri uri = Uri.appendEncodedPathToUri(AVStorage.Images.Media.EXTERNAL_
        DATA_ABILITY_URI, String.valueOf(id));
            FileDescriptor fd = helper.openFile(uri, "r");
            ImageSource.DecodingOptions decodingOptions = new ImageSource.DecodingOptions();
            try {
                //解码并将图片放到 image 中
                imageSource = ImageSource.create(fd, null);
                pixelMap = imageSource.createPixelmap(null);
                int height = pixelMap.getImageInfo().size.height;
                int width = pixelMap.getImageInfo().size.width;
                float sampleFactor = Math.max(height /250f, width/250f);
                decodingOptions.desiredSize = new Size((int) (width/sampleFactor), (int)
                (height/sampleFactor));
                pixelMap = imageSource.createPixelmap(decodingOptions);
            } catch (Exception e) {
                e.printStackTrace();
            } finally {
                if (imageSource != null) {
                    imageSource.release();
                }
            }
            image.setPixelMap(pixelMap);
            image.setClickedListener(new Component.ClickedListener() {
                @Override
                public void onClick(Component component) {
                    gotoCrop(uri);
                }
            });
            tableLayout.addComponent(image);
        }
    } catch (DataAbilityRemoteException | FileNotFoundException e) {
        e.printStackTrace();
    }
}
```

```
//uri 放在 intent 中
private void gotoCrop(Uri uri){
    Intent intent = new Intent();
    intent.setUri(uri);
    present(new CropPicture(),intent);
}
```

LocalPictureChoose 选择本地图片的方法存在一个比较明显的弊端,即需要对大量图片进行解码,非常损耗性能,所以加载时间较长,可以考虑将其放入异步任务中进行处理。

最后简单讲解一下 HttpPictureChoose,它的功能主要是将用户输入的网络图片地址解析为 URI 传递给 CropPicture。目前 HttpPictureChoose 只支持手动输入地址,如需改进可以制作一个浏览器类型的界面以方便使用。

6.2.3　拓展进阶

通过 6.2.2 节介绍的使用方法,相信读者已经可以简单使用 uCrop_ohos 组件对图片进行加载和裁剪操作。鸿蒙和 Android 的图片裁剪组件存在较多的能力差异,即二者在实现同一种功能时使用的方法不同,这不仅体现在工程结构上,也体现在具体的代码逻辑中。接下来将对比 uCrop_ohos 和 uCrop 的工程结构,并介绍几个在 uCrop_ohos 移植过程中遇到的 Android 和鸿蒙的能力差异。

1. 工程结构对比

鸿蒙的 uCrop_ohos 和 Android 的 uCrop,两者在工程结构上的对比如图 6-16 所示。

从图 6-16 的方框可以看出,uCrop_ohos 比 uCrop 少封装了一层 Activity 和 Fragment,原因主要有 3 点:

- Android 的 Activity 还是有别于鸿蒙的 Ability,若强行复现会导致代码复用率低。

- 方框中的类所在层级是 View 层，该层与 UI 强耦合，由于鸿蒙尚不支持 Android 中的许多组件如 Menu，因此难以原汁原味地复现 UCropActivity 中的 UI。

- 封装程度越高，可供开发者自定义的自由度越小。因此 uCrop_ohos 少封装一层可以让开发者更自由地进行发挥。

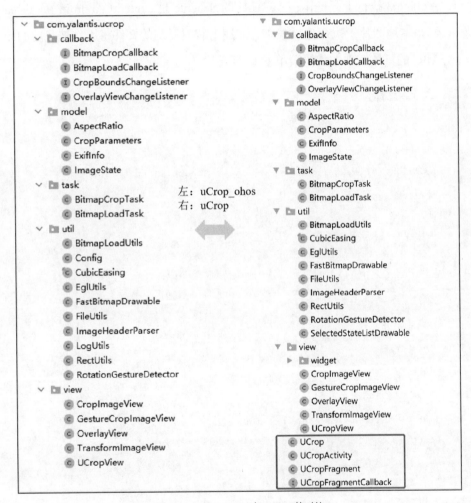

图 6-16　uCrop_ohos 与 uCrop 的对比

2. 能力差异

接下来讲解在移植过程中发现的 Android 和鸿蒙的图片裁剪组件的能力差异。

（1）图片的加载与保存

不论是加载网络图片还是本地图片，在 uCrop 和 uCrop_ohos 内部都是通过解析图片的 URI 实现的，所以这里需要对 URI 进行区分，以确定加载的是网络图片还是本地图片。这可以通过分析 URI 的 Scheme 来实现。如果 URI 的 Scheme 是 http 或 https，则是网络图片，使用 okhttp3 执行下载操作；如果 URI 的 Scheme 是 content(Android)或 dataability（鸿蒙），则是本地图片，执行复制操作。上述下载或复制的文件将用作被裁剪的图片文件。区分 URI 的具体实现如代码清单 6-12 所示。

代码清单 6-12　区分 URI

```
private void processInputUri() throws NullPointerException, IOException {
    String inputUriScheme = mInputUri.getScheme();
    if ("http".equals(inputUriScheme) || "https".equals(inputUriScheme)) {
    //Scheme 为 http 或 https 即为网络图片，执行下载
        try {
            downloadFile(mInputUri, mOutputUri);
        } catch (NullPointerException e) {
            LogUtils.LogError(TAG, "Downloading failed:"+e);
            throw e;
        }
    } else if ("content".equals(inputUriScheme)) {
//Android 中 Scheme 为 content 即为本地图片，执行复制
        try {
            copyFile(mInputUri, mOutputUri);
        } catch (NullPointerException | IOException e) {
            LogUtils.LogError(TAG, "Copying failed:"+e);
            throw e;
        }
    } else if("dataability".equals(inputUriScheme)){
//鸿蒙中 Scheme 为 dataability 即为本地图片，执行复制
        try {
            copyFile(mInputUri, mOutputUri);
        } catch (NullPointerException | IOException e) {
```

```
        LogUtils.LogError(TAG, "Copying failed:"+e);
        throw e;
    }
```

在准备好图片文件后，还需要将其解码成 Bitmap（适用于 Android）或 PixelMap（适用于鸿蒙）格式，以便后续使用 uCrop 组件实现各种功能（比如图片的显示）。在解码之前还需要通过 URI 来获取文件流，在这一点上 Android 和鸿蒙有所不同。对 Android 来说，可以通过一行代码获得输入文件流 InputStream：

```
//Android 通过 InputUri 获取 InputStream
InputStream stream = mContext.getContentResolver().openInputStream(mInputUri);
```

但是对鸿蒙来说，则需要调用 DataAbility，通过 DataAbilityHelper 先得到 FileDescriptor，然后才能得到 InputStream。在鸿蒙中获取 InputStream 的具体实现如代码清单 6-13 所示。

代码清单 6-13　获取 InputStream

```
//鸿蒙通过 InputUri 获取 InputStream
InputStream stream = null;
DataAbilityHelper helper = DataAbilityHelper.creator(mContext);
FileDescriptor fd = helper.openFile(mInputUri, "r");
stream = new FileInputStream(fd);
```

同样，用于实现图片保存需求的输出文件流 OutputStream，Android 和鸿蒙的获取方式也存在不同，在 Android 中相对比较简单，而在鸿蒙中更复杂一些。Android 和鸿蒙获取 OutputStream 的具体实现如代码清单 6-14 所示。

代码清单 6-14　获取 OutputStream

```
//Android 获取 OutputStream
outputStream = context.getContentResolver().openOutputStream(Uri.fromFile(new File
(mImageOutputPath)));
//鸿蒙获取 OutputStream
```

```
ValuesBucket valuesBucket = new ValuesBucket();

valuesBucket.putString(AVStorage.Images.Media.DISPLAY_NAME, fileName);

valuesBucket.putString("relative_path", "DCIM/");

valuesBucket.putString(AVStorage.Images.Media.MIME_TYPE, "image/JPEG");

//应用独占

valuesBucket.putInteger("is_pending", 1);

DataAbilityHelper helper = DataAbilityHelper.creator(mContext.get());

int id = helper.insert(AVStorage.Images.Media.EXTERNAL_DATA_ABILITY_URI, valuesBucket);

Uri uri = Uri.appendEncodedPathToUri(AVStorage.Images.Media.EXTERNAL_DATA_ABILITY_
URI, String.valueOf(id));

//这里需要"w"写权限

FileDescriptor fd = helper.openFile(uri, "w");

OutputStream outputStream = new FileOutputStream(fd);
```

（2）裁剪的实现

在 Android 的 uCrop 组件中，裁剪的具体流程如图 6-17 所示。其实现原理是使用原图（位图 1）位于裁剪框内的部分创建一个新的位图（位图 2），然后将新的位图保存成图片文件（图片文件 1）。

图 6-17　Android 的 uCrop 裁剪实现方法

而在鸿蒙的 uCrop_ohos 组件中，裁剪功能的实现原理发生了变化。鸿蒙的 API 虽不支持对位图的旋转操作，但鸿蒙的图像解码 API 提供了旋转能力，所以在鸿蒙操作系统中进行图片裁剪的过程如图 6-18 所示。

首先将原图（位图 1）保存为一个临时的图片文件（图片文件 1），通过相对旋转角度对临时图片文件进行读取，此时读取的位图（位图 2）就包含了正确的旋转信息。然后再通过相对缩放和位移创建一个新的位图（位图 3），这个位图还会因为 API 的特性发生压缩和错切等形变，所以还需要再创建最后一个位图（位图 4）来修正形变，最后再将位图 4 保存成图片文件（图片文件 2）。

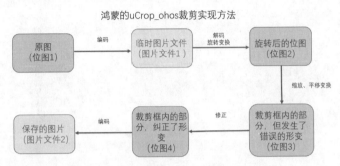

图 6-18　鸿蒙的 uCrop_ohos 裁剪实现方法

（3）异步任务处理

由于图片的读取、裁剪和保存这些操作比较消耗系统的性能，直接导致系统卡顿、反应变慢，因此需要使用异步任务将这些操作放到后台进行，以减少 UI 线程的负担。下面以裁剪任务为例分别介绍在 Android 和鸿蒙中如何进行异步处理。

在 Android 的 uCrop 中，使用的是 BitmapCropTask 类继承 AsyncTask 类的方法：

```
public class BitmapCropTask extends AsyncTask<Void, Void, Throwable>
```

然后重写里面的 doInBackground() 和 onPostExecute() 方法，分别实现后台裁剪任务的处理与回调。裁剪任务的处理与回调的具体实现如代码清单 6-15 所示。

代码清单 6-15　裁剪任务的处理与回调

```
@Override
@Nullable
protected Throwable doInBackground(Void... params) {
    if (mViewBitmap == null) {
        return new NullPointerException("ViewBitmap is null");
    } else if (mViewBitmap.isRecycled()) {
```

```
      return new NullPointerException("ViewBitmap is recycled");
   } else if (mCurrentImageRect.isEmpty()) {
      return new NullPointerException("CurrentImageRect is empty");
   }
   try {
      crop();
      mViewBitmap = null;
   } catch (Throwable throwable) {
      return throwable;
   }
   return null;
}
@Override
protected void onPostExecute(@Nullable Throwable t) {
   if (mCropCallback != null) {
      if (t == null) {
         Uri uri = Uri.fromFile(new File(mImageOutputPath));
         mCropCallback.onBitmapCropped(uri, cropOffsetX, cropOffsetY, mCroppedImageWidth,
         mCroppedImageHeight);
      } else {
         mCropCallback.onCropFailure(t);
      }
   }
}
```

在鸿蒙中，没有搭载与 Android 中的 AsyncTask 类功能相似的类，所以 uCrop_ohos 修改了后台任务的处理方案。在此方案中，首先将后台任务的处理与回调合并写在一个 Runnable 中，然后使用鸿蒙原生的多线程处理机制 EventHandler 搭配 EventRunner，新创建一个用于处理这个 Runnable 的线程，以此实现图片裁剪任务的异步处理。异步处理的具体实现如代码清单 6-16 所示。

代码清单 6-16　异步处理

```
public void doInBackground(){
   EventRunner eventRunner = EventRunner.create();
```

```
EventHandler handler = new EventHandler(eventRunner);
handler.postTask(new Runnable() {
  @Override
  public void run() {
    if (mViewBitmap == null) {
      Throwable t = new NullPointerException("ViewBitmap is null");
      mCropCallback.onCropFailure(t);
      return;
    } else if (mViewBitmap.isReleased()) {
      Throwable t = new NullPointerException("ViewBitmap is null");
      mCropCallback.onCropFailure(t);
      return;
    } else if (mCurrentImageRect.isEmpty()) {
      Throwable t = new NullPointerException("ViewBitmap is null");
      mCropCallback.onCropFailure(t);
      return;
    }
    try {
      crop();
      mViewBitmap = null;
    } catch (IOException e) {
      e.printStackTrace();
    }
  }
});
}
```

6.3 条形码阅读器 Zbar_ohos

Zbar-ohos 是鸿蒙操作系统中使用的条形码阅读器，它是以 Android 的条形码阅读器 Zbar 为基础实现的。在 Zbar 的基础上，我们针对鸿蒙操作系统进行了组件重构，最终成功地将其迁移到鸿蒙操作系统上，得到了 Zbar-ohos 组件。

Zbar-ohos 组件支持 EAN-13、UPC-A、UPC-E、EAN-8、Code 128、CODE39、Codabar 和 QR 码的识别，可应用于扫码观影、扫码登录等多个领域。下文将详细介绍基于鸿蒙操作系统的 Zbar-ohos 组件的功能和使用。

6.3.1　功能展示

ZBar_ohos 组件同时提供了扫描一维条形码和扫描二维条形码的能力，需要注意的是，不论扫描哪种条形码，都需要先添加摄像头的访问权限，这样才可以通过摄像头获取扫描画面进行识别。下面将分别从添加权限和条形码扫描效果这两个方面对 ZBar_ohos 组件的功能进行展示。

1. 添加权限

在开始扫描条形码之前，需要先添加摄像头访问权限，如图 6-19 所示。点击"始终允许"按钮，然后重启应用（刷新 UI 界面），即可开始进行扫描。

图 6-19　添加摄像头权限

2. 扫描效果

Zbar_ohos 组件的扫描功能包含两个部分：对准器和状态栏。对准器用于显示摄像头拍摄的画面，只有将条形码置于此范围内，才可以进行扫描；状态栏用于显示当前的扫描状态或扫描结果。

（1）一维条形码扫描

一维条形码一般是在水平方向上表达信息，而在垂直方向不表达任何信息。并且一维条形码的高度通常是固定的，这样可以方便对准器的读取。

使用 Zbar_ohos 组件扫描一维条形码的效果如图 6-20 所示。当摄像头扫到条形码时，下方状态栏的显示内容由"扫描中"更新为条形码的扫描结果；当摄像头扫描下一个条码时，状态栏中的扫描结果会实时更新成最新的扫描结果。

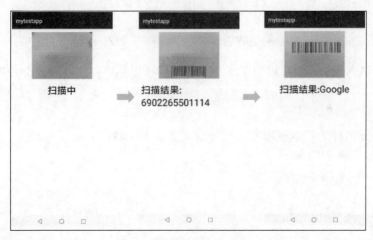

图 6-20 一维条形码扫描结果

（2）二维条形码扫描

二维条形码通常为方形结构，在水平方向和垂直方向上都可以表示信息，且信息容量大，保密级别高，得到的扫描结果可直接显示英文、中文、数字、符号、图型等。

使用 Zbar_ohos 组件扫描二维条形码的效果如图 6-21 所示。扫描过程与一维条形码的扫描一样，会在状态栏显示二维条形码的扫描结果。

图 6-21　二维条形码扫描结果

6.3.2　使用方法

在了解了 Zbar_ohos 组件的功能后，本节我们看一下 Zbar_ohos 组件的具体使用方法。由于 3.2.1 节已经讲解过 har 包的导入方法，因此这里默认已经成功导入 Zbar_ohos 组件的 har 包。

Zbar_ohos 组件的基本使用方法可分为以下 5 个步骤。

第 1 步：生成 Camera 类对象。

第 2 步：绑定相机的 Surface。

第 3 步：开启循环帧捕获。

第 4 步：扫描相机数据。

第 5 步：显示预览数据的扫描结果。

下面看一下每一个步骤涉及的详细操作。

第 1 步：生成 Camera 类对象。

CameraKit 类可以提供使用相机功能的条目，CameraStateCallbackImpl 类是相机创建和相机运行时的回调。通过 CameraKit 类来生成 Camera 对象，但 CameraKit 类并没有将 Camera 对象直接返回，而是从 CameraStateCallbackImpl 回调中获取。生成 Camera 类对象的具体实现如代码清单 6-17 所示。

代码清单 6-17　生成 Camera 类对象

```
private void openCamera(){
    // 获取 CameraKit 对象
    cameraKit = CameraKit.getInstance(this);
    if (cameraKit == null) {
        return;
    }
    try {
        // 获取当前设备的逻辑相机列表 cameraIds
        String[] cameraIds = cameraKit.getCameraIds();
        if (cameraIds.length <= 0) {
            System.out.println("cameraIds size is 0");
        }
        // 用于相机创建和相机运行的回调
        CameraStateCallbackImpl cameraStateCallback = new CameraStateCallbackImpl();
        if(cameraStateCallback ==null) {
            System.out.println("cameraStateCallback is null");
        }
        // 创建用于运行相机的线程
        EventHandler eventHandler = new EventHandler(EventRunner.create("CameraCb"));
        if(eventHandler ==null) {
            System.out.println("eventHandler is null");
        }
        // 创建相机
        cameraKit.createCamera(cameraIds[0], cameraStateCallback, eventHandler);
    } catch (IllegalStateException e) {
```

```
    System.out.println("getCameraIds fail");
    }
}
```

第 2 步：绑定相机的 Surface。

Surface 用于实现相机的预览、拍照、录像等功能。因此需要为相机添加两个 Surface：previewSurface 用于展示相机拍摄的界面，dataSurface 用于读取并处理相机拍摄的数据信息。绑定相机的 Surface 的具体实现如代码清单 6-18 所示。

代码清单 6-18　绑定相机的 Surface

```
private final class CameraStateCallbackImpl  extends CameraStateCallback {
    // 相机创建和相机运行时的回调
    @Override
    public void onCreated(Camera camera) {
        mcamera = camera;//获取到 Camera 对象
        CameraConfig.Builder cameraConfigBuilder = camera.getCameraConfigBuilder();
        if (cameraConfigBuilder == null) {
        System.out.println("onCreated cameraConfigBuilder is null");
        return;
        }
        // 配置预览的 Surface
        cameraConfigBuilder.addSurface(previewSurface);
        // 配置处理数据的 Surface
        dataSurface = imageReceiver.getRecevingSurface();
        cameraConfigBuilder.addSurface(dataSurface);
        try {
            // 相机设备配置
            camera.configure(cameraConfigBuilder.build());
        } catch (IllegalArgumentException e) {
            System.out.println("Argument Exception");
        } catch (IllegalStateException e) {
            System.out.println("State Exception");
```

```
            }
        }
}
```

第 3 步：开启循环帧捕获。

在用户添加摄像头权限并能看到摄像头获取的画面后，才能执行拍照或者其他操作。在开启循环帧捕获后，将使用 dataSurface 获得来自相机的数据。开启循环帧捕获的具体实现如代码清单 6-19 所示。

代码清单 6-19　开启循环帧捕获

```
        @Override
        public void onConfigured(Camera camera) {
            // 获取预览配置模板
            FrameConfig.Builder frameConfigBuilder = mcamera.getFrameConfigBuilder
(FRAME_CONFIG_PREVIEW);
            // 配置预览的 Surface
            frameConfigBuilder.addSurface(previewSurface);
            // 配置拍照的 Surface
            frameConfigBuilder.addSurface(dataSurface);
            try {
                // 启动循环帧捕获
                int triggerId = mcamera.triggerLoopingCapture(frameConfigBuilder.build
());
            } catch (IllegalArgumentException e) {
                System.out.println("Argument Exception");
            } catch (IllegalStateException e) {
                System.out.println("State Exception");
            }
        }
```

第 4 步：扫描相机数据。

dataSurface 捕获的数据为相机原始数据，其格式为 YUV420，需要将其封装为 Image

类的数据才能传入 ImageScanner 类中进行正式扫描。扫描相机数据的具体实现如代码
清单 6-20 所示。

代码清单 6-20 扫描相机数据

```
// 相机原始数据封装为 Image 类的数据
Image barcode = new Image(mImage.getImageSize().width,mImage.getImageSize().height,
"Y800");
barcode.setData(YUV_DATA);
int result = scanner.scanImage(barcode);
```

第 5 步：显示预览数据的扫描结果。

由于对准器中的条形码可能不止一个，ImageScanner 类的扫描结果也可能有多个，
因此最后返回的扫描结果是 SymbolSet 类型。这个数据类型是可以容纳多个 Symbol 类型
数据的容器，每个 Symbol 类型数据代表一个条形码的扫描结果。显示预览数据扫描结
果的具体实现如代码清单 6-21 所示。

代码清单 6-21 显示预览数据的扫描结果

```
//创建可以容纳多个 Symbol 数据的容器 SymbolSet
SymbolSet syms = scanner.getResults();
for (Symbol sym : syms) { //遍历 SymbolSet 中的每个元素
  handler.postTask(new Runnable() {
    @Override
    public void run() {
      scanText.setText("扫描结果:" + sym.getData()); //获取 Symbol 中的信息
      scanText.invalidate();
    }
  });
```

6.3.3 拓展进阶

通过学习 6.3.2 节的使用方法，相信读者已经可以使用 Zbar_ohos 组件实现扫码功能。
本节将介绍在使用 dataSurface 获取扫描数据时涉及的两个主要功能：相机原始数据封装
为 Image 类数据、对 Image 类数据进行扫描。由于这两个功能主要是由 C 语言实现的，

因此这里只解析大概原理并展示主要接口，不深入解释底层的代码。

1. 相机原始数据封装为 Image 类数据

Image 类支持多种数据格式，包括常见的 YUV 和 RGB 类型的数据。由于获取到的条形码扫描数据应为图像的灰度数据，因此需要 Y800 或 GRAY 类型的 Image 类数据使用 setData()方法实现这一功能：

```
public native void setData(byte[] data);
```

2. 对 Image 数据进行扫描

使用 scanImage()方法对传入的 Image 数据进行扫描。在扫描过程中，首先对传入的图像进行配置校验，然后以 1 像素为增量逐行扫描，扫描路径为 Z 字型。在完成扫描数据滤波、求取边缘梯度、阈值自适应、确定边缘等操作后，将扫描数据转化成明暗宽度流。通过明暗宽度流的变化规律可以知道当前正在被扫描的条形码是哪一种类型，然后就可以使用针对这一类条形码的解码方法进行解码，最终得到条形码的信息。

```
public native int scanImage(Image image);
```

6.4 滑动拼图验证组件 SwipeCaptcha_ohos

通常用户在登录或者注册的时候，系统为了确保不是机器人操作，会让用户手动验证。验证方式一般分为滑动拼图验证（有图片作为背景）和滑动验证（无图片背景，只有拖动的滑块）两种。其中，滑动拼图验证以安全性更高、视觉体验更好的优点成为更多 APP 的首选。

SwipeCaptcha_ohos 是鸿蒙操作系统中使用的滑动拼图验证组件，它是以 Android 的滑动拼图验证组件 SwipeCaptcha 为基础实现的。在 SwipeCaptcha 的基础上，我们针对鸿蒙操作系统进行了组件重构，最终成功地将其迁移到鸿蒙操作系统上，得到了 SwipeCaptcha_ohos

组件。下文将详细介绍 SwipeCaptcha_ohos 组件的功能和使用。

6.4.1　功能展示

在使用 SwipeCaptcha_ohos 组件时，需要用到两个较为重要的图片：滑块图片（验证）和原图（被验证）。这两张图片被放置于同一水平线上，当用户拖动滑块图片至原图处的相应位置，且误差在设定范围内，即可验证成功。每次调用 SwipeCaptcha_ohos 组件时，滑块和原图的位置都会发生随机变化，这增大了登录时被暴力破解的难度，提高了安全性。

在 SwipeCaptcha_ohos 组件的验证界面，还包括当前进度值和对验证状态的描述。当前进度值表示滑块在水平方向的滑动进度，进度为 100 时，表示滑块滑至最右端。进度值下方展示的是当前的验证状态，验证状态可分为 3 种："开始""验证失败，请重新验证""验证成功"。

接下来展示在使用 SwipeCaptcha_ohos 组件登录时，验证失败和验证成功的效果图。

1．验证失败

认证失败的原因一般是用户未将滑块拖至原图处，导致滑块与原图的位置误差较大。验证失败的效果如图 6-22 所示。

图 6-22　验证失败效果

2. 验证成功

当用户拖动滑块至原图处，且误差在一定范围内时，则验证成功。验证成功的效果如图 6-23 所示。

图 6-23　验证成功效果

6.4.2　使用方法

Swipe-Captcha_ohos 组件可以拆解为 4 个功能：图背景导入手机、裁剪滑块、绘制滑块、验证拼图是否成功。

Swipe-Captcha_ohos 组件的基本使用方法可分为以下 6 个步骤。

第 1 步：初始化功能布局。

第 2 步：背景图片绘制。

第 3 步：确定滑块和原图的位置。

第 4 步：获取滑块。

第 5 步：绘制滑块。

第 6 步：进度条滑动更新。

下面看一下每一个步骤涉及的详细操作。

第 1 步：初始化功能布局。

初始化功能布局的具体实现如代码清单 6-22 所示，主要对如下 3 部分进行初始化设置：

● 获取手机屏幕宽度信息；

● 设置进度值和验证状态的初始提示文字，如"当前进度值""请滑动滑块验证"；

● 初始化画笔信息，定义画笔属性。

代码清单 6-22　初始化功能布局

```
//获取手机屏幕宽度displayAttributes.width
DisplayManager displayManager = DisplayManager.getInstance();
Display display = displayManager.getDefaultDisplay(this).get();
DisplayAttributes displayAttributes = display.getAttributes();
windowWidth = displayAttributes.width;
// 进度值初始化
text = new Text(this);
text.setMarginTop(800); // 距离顶端边界的距离
text.setText("当前进度值"+ progress); // 设定文字
text.setTextSize(100); // 设定字号
myLayout.addComponent(text); // 添加进布局中
// 验证状态初始化
text2 = new Text(this);
text2.setMarginTop(1000);
text2.setText("请滑动滑块验证");
text2.setTextSize(100);
myLayout.addComponent(text2);
```

```
//初始化画笔的信息
mPaint = new Paint();
mPaint.setColor(Color.BLACK); //定义颜色
mPaint.setAntiAlias(true); //定义虚实线
mPaint.setStrokeWidth(5f); //定义宽度
mPaint.setStyle(Paint.Style.STROKE_STYLE); //定义绘图方式
```

第 2 步：背景图片绘制。

背景图片的缩放比例可以通过手机屏幕的宽度除以背景图片的宽度得到，若要将该图片显示在手机中，按照此比例缩放可实现与屏幕同宽的效果。背景图片的缩放比例可用于背景图片适配不同型号的手机屏幕。具体实现如代码清单 6-23 所示。

代码清单 6-23 背景图片绘制

```
//背景图片的缩放比例
float ratio = (float) windowWidth/(float) img.getImageInfo().size.width;
//背景图片绘制
Component image = new Component(this);
Component.DrawTask drawTask = new Component.DrawTask() {
    @Override
    public void onDraw(Component component, Canvas canvas) {
        //按照比例进行缩放
        canvas.scale(ratio , ratio);
        //绘图
        canvas.drawPixelMapHolder(pixelMapHolder, 0, 0, new Paint());
    }
};
image.addDrawTask(drawTask);
myLayout.addComponent(image);
```

第 3 步：确定滑块和原图的位置。

绘制完整张背景图片后，为了确定屏幕中验证滑块和原图的位置，需要先了解 3 个变量：puzzleWidth 表示滑块或者原图的宽度，这个值不能超过背景图的宽度；top 为随机数值，表示滑块或者原图的顶部距离背景图片顶部的距离；puzzel2left 为随机数值，表示原图左边距离背景图片左边的距离，如图 6-24 所示。

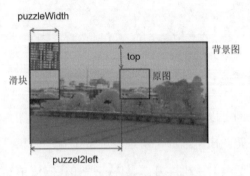

图 6-24　滑块和原图的位置示意

有了以上 3 个变量便可以确定组件中滑块和原图的初始位置和大小（滑块初始时位于屏幕的最左侧）。下面介绍上述位置是如何计算出来的，具体实现如代码清单 6-24 所示。

代码清单 6-24　计算位置

```
//puzzleWidth 为屏幕宽度的 1/6
puzzleWidth = windowWidth/6;
//top 为图片缩放后高度与抠图高度之差再乘随机数
top = (float) Math.random()*(img.getImageInfo().size.height*ratio - puzzleWidth);
//原图位置一定在滑块位置右面
//屏幕宽度减去两个拼图宽度乘随机数，后向右平移一个滑块的长度
puzzel2left = ((windowWidth -puzzleWidth*2) * (float)Math.random()) + puzzleWidth;
```

第 4 步：获取滑块。

在确定滑块和原图的位置后，需要解码出一个图片作为滑块。首先设置滑块的形状为矩形，然后从窗口小部件资源管理器中调用背景图片并读取指定位置（原图框）的像素，根据 puzzel2left、top、puzzleWidth 等变量的值，确定矩形滑块的初始位置并写入像素。根据缩放比例 ratio，将矩形区域映射为原比例图像，并对此图像进行解码，即可得到滑块图像数据。具体实现如代码清单 6-25 所示。

代码清单 6-25   获取滑块

```
PixelMap puzzlePixelMap = getPuzzlePixelMap(this , ResourceTable.Media_longa , new
Rect((int)(puzzel2left/ratio), (int) (top/ratio), (int) (puzzleWidth/ratio) , (int)
(puzzleWidth/ratio)));
PixelMapHolder pixelMapHolder1 = new PixelMapHolder(puzzlePixelMap);
```

第 5 步：绘制滑块。

滑块通过画笔来绘制，首先使用画笔绘制一个特定的 PixelMapHolder 对象，然后根据 x 轴与 y 轴的平移距离将画布平移指定的距离。滑块的位置应该与滑动进度条的进度同步，并且要适配不同手机屏幕的大小。同时，为了使用户界面交互更加直观，我们为滑块绘制了一个边框，告知用户这个边框所在就是滑块（原图也需要绘制边框，原理相同）。绘制滑块的具体实现如代码清单 6-26 所示。

代码清单 6-26   绘制滑块

```
//绘制滑块
Component.DrawTask puzzelDrawTask = new Component.DrawTask() {
  @Override
  public void onDraw(Component component, Canvas canvas) {
    Paint paint = new Paint();
    //移动小滑块拼图
    canvas.translate(slider.getProgress()*displayAttributes.width /100 , top);
    //进行适当比例的缩放
    canvas.scale(ratio , ratio);
    canvas.drawPixelMapHolder(pixelMapHolder1 , 0 , 0 , paint);
  }
};
//绘制滑块边框
Component puzzleFrame = new Component(this);
    Component.DrawTask drawTask2 = new Component.DrawTask() {
    @Override
    public void onDraw(Component component, Canvas canvas) {
```

```
    //方框左侧位置
    float left = slider.getProgress()*windowWidth /100;
    //绘制边框的左边
    canvas.drawLine(new Point(left , top),
    new Point(left, top + puzzleWidth), mPaint);
    //绘制边框的上边
    canvas.drawLine(new Point(left, top),
    new Point(left + puzzleWidth, top), mPaint);
    //绘制边框的右边
    canvas.drawLine(new Point(left + puzzleWidth, top),
    new Point(left + puzzleWidth, top + puzzleWidth), mPaint);
    //绘制边框的下边
    canvas.drawLine(new Point(left, top + puzzleWidth),
    new Point(left + puzzleWidth, top + puzzleWidth), mPaint);
    }
};
```

第 6 步：进度条滑动更新。

为进度条设置监听后，拖动进度条会引起 3 处更新。

（1）滑块位置和滑块边框位置的更新

在滑动过程中，对滑块位置与滑块边框位置进行实时更新，对过去的状态进行失效处理。

（2）进度值的更新

在滑动进度条的过程中，会引起当前进度值的更新。

（3）验证状态的更新

在验证状态的更新中，当用户开始滑动进度条时，验证状态变为"开始"字样。在用户拖动进度条结束时将对验证状态进行一次判断，验证滑块和原图的位置差距是否在误差范围内。若在设定的误差范围内，则显示验证成功，反之，则显示验证失败，并提示用户需要重新验证。进度条滑动更新的具体实现如代码清单 6-27 所示。

代码清单 6-27　进度条滑动更新

```
//设置进度条监听
slider.setValueChangedListener(new Slider.ValueChangedListener() {
    @Override
//拖动进度条引起的更新
public void onProgressUpdated(Slider slider, int i, boolean b) {
    //滑块位置的更新
    puzzle.invalidate();
    //滑块边框位置的更新
    puzzleFrame.invalidate();
    //进度值更新
text.setText("当前进度值 : " + slider.getProgress());
    }
}
//当用户开始滑动进度条时，验证状态变为"开始"字样。
public void onTouchStart(Slider slider) {
    //开始拖动的方法
    text2.setText("开始");
}
//判断滑块左侧边的位置和原图的左侧边的位置差距是否在误差内
public void onTouchEnd(Slider slider) {
    if(((slider.getProgress()*windowWidth /100)<(puzzel2left + puzzleWidth/10))&&((
    slider.getProgress()*windowWidth /100)>(puzzel2left - puzzleWidth/10)))
    {
        text2.setText("验证成功");
    }else {
        text2.setText("验证失败，请重新验证");
        slider.setProgressValue(10);
    }
}
}
```

6.5　图表绘制组件 MPChart_ohos

MPChart_ohos 是鸿蒙操作系统中使用的图表绘制组件，它是以 Android 的图表绘制组件 MPAndroidChart 为基础实现的。在 MPAndroidChart 的基础上，我们针对鸿蒙操作系统进行了组件重构，最终成功地将其迁移到鸿蒙操作系统上，得到了 MPChart_ohos 组件。

图表绘制组件 MPChart_ohos 具有绘制折线图、直方图等图表的能力，开发者只需要自己写一个数据接口，即可实现各种精美数据曲线的绘制，在一定程度上满足了大部分业务的需求。下文将详细介绍 MPChart_ohos 组件的功能和使用。

6.5.1　功能展示

MPChart_ohos 组件具有折线图和直方图两种图表绘制能力。下面将分别展示折线图和直方图的绘制效果。

1. 折线图

图 6-25 展示了一个由随机数据生成的折线图。MPChart_ohos 组件提供了多种多样的自定义接口，这里简单介绍以下 3 种。

- **x 轴和 y 轴自定义**：开发者可以自定义 x 轴和 y 轴的位置。

- **辅助线自定义**：开发者可以选择是否显示辅助线（或格点线），也可以自由设定辅助线的位置。

- **图表美化**：开发者可以设置图表曲线的各种属性（颜色、粗细等），或对曲线包裹区域进行填充。

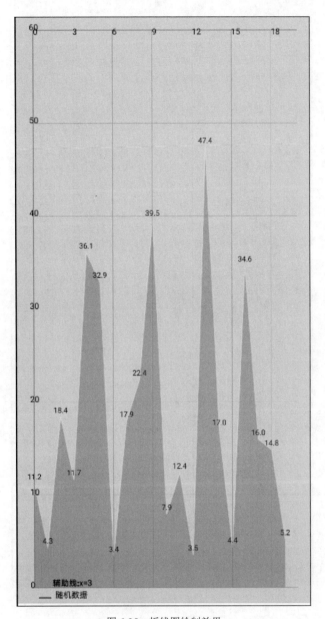

图 6-25　折线图绘制效果

2. 直方图

在图 6-25 的背景下，由 MPChart_ohos 组件绘制的一张直方图如图 6-26 所示。

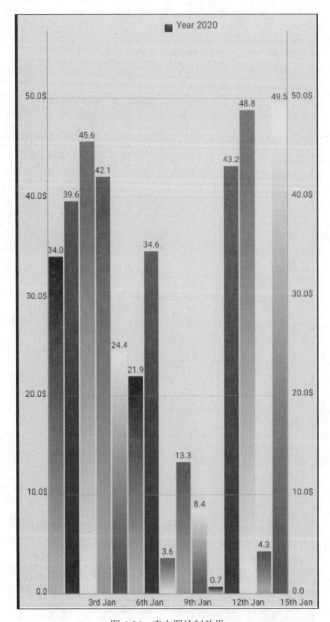

图 6-26　直方图绘制效果

6.5.2　使用方法

在了解了 MPChart_ohos 组件的功能和效果之后，接下来我们看一下该组件的具体使用方法。由于 2.2 节已经讲解过 jar 包的导入方法，因此这里默认已经成功导入 MPChartohos

组件的 jar 包。前面介绍过 MPChart_ohos 组件为用户提供了折线图和直方图的绘制能力，使用者只需要根据自身需求选择需要使用的能力即可。以折线图为例，通过 MPChart_ohos 组件实现绘制图表的基本使用方法可分为以下 9 个步骤。

第 1 步：创建整体的显示布局。

第 2 步：导入相关类并实例化对象。

第 3 步：初始化背景和标题。

第 4 步：初始化 Chart 和轴线。

第 5 步：设置轴线相关属性。

第 6 步：添加辅助线。

第 7 步：导入数据。

第 8 步：绘制图像。

第 9 步：将绘制好的图表添加到整体显示布局中。

下面看一下每一个步骤涉及的详细操作。

第 1 步：创建整体的显示布局。

创建一个 DirectionalLayout 的整体显示布局，宽度和高度都跟随父控件变化而调整，具体实现如代码清单 6-28 所示。

代码清单 6-28　显示整体的显示布局

```
private DirectionalLayout directionalLayout = new DirectionalLayout(this);
private DirectionalLayout.LayoutConfig layoutConfig = new DirectionalLayout.
LayoutConfig(ComponentContainer.LayoutConfig.MATCH_CONTENT, ComponentContainer.
LayoutConfig.MATCH_CONTENT);
```

第 2 步：导入相关类并实例化对象。

在想要绘制折线图的 AbilitySlice 中，通过 import 关键字导入 MPChart_ohos 组件的相关类，并实例化折线图类 LineChart 对象（如果是直方图则导入直方图类 BarChart 并实例化类对象），具体实现如代码清单 6-29 所示。

代码清单 6-29　导入类并实例化对象

```
//折线图类 LineChart
import com.github.mikephil.charting.charts.LineChart;
import com.github.mikephil.charting.components.Legend;
import com.github.mikephil.charting.components.Legend.LegendForm;
import com.github.mikephil.charting.components.LimitLine;
import com.github.mikephil.charting.components.LimitLine.LimitLabelPosition;
import com.github.mikephil.charting.components.XAxis;
import com.github.mikephil.charting.components.YAxis;
//用于导入数据
import com.github.mikephil.charting.data.Entry;
import com.github.mikephil.charting.data.LineData;
import com.github.mikephil.charting.data.LineDataSet;
//用于属性设置
import com.github.mikephil.charting.formatter.IFillFormatter;
import com.github.mikephil.charting.interfaces.dataprovider.LineDataProvider;
import com.github.mikephil.charting.interfaces.datasets.ILineDataSet;
//实例化 LineChart 对象
private LineChart chart;
```

第 3 步：初始化背景和标题。

设置整体布局 directionalLayout 的属性，通过 ShapeElement 为整体布局设置背景颜色，具体实现如代码清单 6-30 所示。

代码清单 6-30　初始化背景和标题

```
//初始化背景和标题
directionalLayout.setLayoutConfig(layoutConfig);
```

```
//设置背景颜色
ShapeElement chartBackElement = new ShapeElement();
chartBackElement.setShape(ShapeElement.RECTANGLE);
chartBackElement.setRgbColor(new RgbColor(220,220,220));
directionalLayout.setBackground(chartBackElement);
```

第 4 步：初始化 Chart 和轴线。

初始化 Chart，包括初始化折线图类 LineChart 对象，以及设置相应的初始属性，如是否进行文字描述、是否可通过手势触碰等，具体实现如代码清单 6-31 所示。

代码清单 6-31　初始化 Chart

```
//初始化 Chart
chart = new LineChart(this);
// 不进行文字描述
chart.getDescription().setEnabled(false);
// 不通过手势触碰
chart.setTouchEnabled(false);
chart.setDrawGridBackground(false);
```

定义两条轴线表示 x 轴和 y 轴，并分别通过折线图类对象 chart 的 getXAxis()和 getAxisLeft()方法进行初始化（直方图同理），同时将 chart 的 getAxisRight()属性值设置为 false，具体实现如代码清单 6-32 所示。

代码清单 6-32　初始化轴线

```
//初始化轴线
XAxis xAxis;
//x 轴
xAxis = chart.getXAxis();
YAxis yAxis;
// y 轴
yAxis = chart.getAxisLeft();
// 不设置双轴线（只用左轴线）
chart.getAxisRight().setEnabled(false);
```

第 5 步：设置轴线相关属性。

MPChart_ohos 组件提供了图表样式自定义的能力，可以通过调用 MPChart_ohos 组件暴露的接口来给图表添加、修改、删除各项属性。若想要自定义轴线，那么可以在实例化 XAxis 类对象后，通过对象的各种方法修改 x 轴的颜色，设置最大值、最小值等。具体实现如代码清单 6-33 所示。若没有自定义的需求，可直接跳过此步骤。

代码清单 6-33　轴线自定义属性设置

```
xAxis.setAxisMaximum(20f); //自定义最大值
xAxis.setAxisMinimum(0f); //自定义最小值
xAxis.setAxisLineColor(Color.BLACK.getValue()); //自定义 x 轴颜色
```

第 6 步：添加辅助线。

除了轴线，我们还可以在图表中加入各种辅助线，例如想要在 x = 2 处添加一条辅助线，可以实例化 LimitLine 类的对象，并通过对象的各种方法修改辅助线的宽度、标签位置、文本大小等。具体实现如代码清单 6-34 所示。

代码清单 6-34　辅助线设置

```
LimitLine llXAxis = new LimitLine(2f, "辅助线:x=2"); //实例化
llXAxis.setLineWidth(4f); //属性设置
llXAxis.setLabelPosition(LimitLabelPosition.RIGHT_BOTTOM);
llXAxis.setTextSize(10f);
llXAxis.setTypeface(Font.DEFAULT);
```

第 7 步：导入数据。

在开始绘制之前，需要导入待绘制的数据。在 MPChart_ohos 组件中，不同类型的图表有着不同的数据类。因为在 MPChart_ohos 组件中数据类的作用不仅仅是承载数据，同时还需要承载一些图表相关的属性，例如曲线颜色、曲线粗细、数据点颜色、大小等，所以不能仅仅通过一个简单的 int[]或者 float[]作为数据类，这部分在后续拓展进阶中还

会讲到。具体导入的过程主要分为以下 3 个步骤：

（1）创建 LineDataSet 类（直方图为 BarDataSet）对象

```
LineDataSet set1 = new LineDataSet(values, label);
```

其中，values 是使用者想要绘制的一类数据，一般是 float[]，label 是这类数据的标签。

（2）导入数据

将一类或者几类数据放置到一个 ArrayList 中：

```
ArrayList<ILineDataSet> dataSets = new ArrayList<>();
dataSets.add(set1);
```

（3）将数据传递给 Chart

将 ArrayList 封装成 LineData 类型（直方图为 BarData），并传递给折线图类对象 chart：

```
LineData data = new LineData(dataSets);
chart.setData(data);
```

第 8 步：绘制图像。

一切准备就绪，就可以绘制图像了。建立一个绘制任务 DrawTask，通过折线图类对象 chart 的 onDraw()方法，在 Canvas 画布中进行绘制，再将完成绘制的任务由 addDrawTask() 方法添加到组件中，即可成功绘制图表。具体实现如代码清单 6-35 所示（直方图同理）。

代码清单 6-35　绘制图像

```
Component component = new Component(this);
//建立一个绘制任务
Component.DrawTask drawTask = new Component.DrawTask() {
   @Override
   public void onDraw(Component component, Canvas canvas) {
      chart.onDraw(canvas, data); //在 Canvas 画布中进行绘制
```

```
    }
};
component.addDrawTask(drawTask); //将完成绘制的任务添加到组件中
```

第 9 步：将绘制好的图表添加到整体显示布局中。

图表绘制完成后，需要被添加到之前定义好的整体显示布局 directionalLayout 中，并通过 super.setUIContent()方法进行设置，才能生效并成功显示在界面中。

```
directionalLayout.addComponent(component);
super.setUIContent(directionalLayout);
```

6.5.3　拓展进阶

本节将对比介绍 MPAndroidChart 和 MPChart_ohos 分别在多设备适配、轴线绘制、数据绘制这几个方面的应用和原理。

在开始介绍之前，我们先看一下 MPAndroidChart 和 MPChart_ohos 的工程结构的对比，如图 6-27 所示。MPChart_ohos 是按照 MPAndroidChart 工程的结构开发的，实现了其主要功能。相比 MPAndroidChart，虽然 MPChart_ohos 缺少 exception、highlight、jobs 这几个文件夹，但并不影响其主要功能的使用。

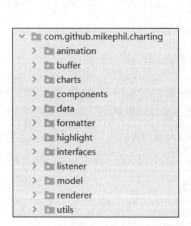
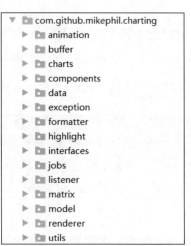

图 6-27　MPChart_ohos（左）与 MPAndroidChart（右）的工程结构对比

1. 多设备适配

为了增加多设备适配性，MPAndroidChart 内部以 dp（density independent pixel）为单位来计算图表中各个部件的相对位置。在绘制图表时，统一将 dp 数据转化为 pixel 数据。在此过程中，需要系统提供一些显示信息，在 Android 中，这些信息由 DisplayMetrics 来提供。可以通过上下文获取到 DisplayMetrics，代码如下：

```
Resources res = context.getResources();
mMetrics = res.getDisplayMetrics();
```

接下来通过 DisplayMetrics 可以获取屏幕的 DPI，dp * DPI 即为屏幕的 pixel（像素），具体实现如代码清单 6-36 所示。

代码清单 6-36　MPAndroidChart 获取屏幕 DPI

```
public static float convertDpToPixel(float dp) {
    return dp * mMetrics.density;
}
```

在鸿蒙中，显示信息是通过 DisplayAttribute 类来获取的，获取 DisplayAttribute 的具体实现如代码清单 6-37 所示。

代码清单 6-37　MPChart_ohos 获取 DisplayAttribute

```
Display display =
    DisplayManager.getInstance().getDefaultDisplay(this.getContext()).get();
DisplayAttribute displayAttribute = display. getAttributes()
```

在得到 DisplayAttribute 后即可得到屏幕 DPI，具体实现如代码清单 6-38 所示。需要注意的是，鸿蒙中表示 DPI 的变量与 Android 中不同，在 Android 中是 density，在鸿蒙中是 densityPixels。

代码清单 6-38　MPChart_ohos 获取屏幕 DPI

```
public static float convertDpToPixel(float dp) {
    return dp * mMetrics.densityPixels;
}
```

2. 轴线绘制

轴线是一张图的基准。在 MPAndroidChart 中，轴线也是图表种类的分类基准。看似 MPAndroidChart 提供了十余种图表绘制的能力，其实这十余种图表是依托于下面这两种轴线制作的：

- 在直角坐标系下，MPAndroidChart 实现了折线图、散点图、直方图、气泡图、蜡烛图等；

- 在极坐标系下，MPAndroidChart 实现了饼图和雷达图。

而在 MPChart_ohos 中，与轴线相关的类主要分布在 components 文件夹和 renderer 文件夹中，如图 6-28 所示。

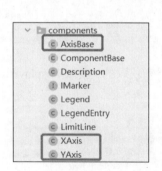

图 6-28　轴线类与轴线绘制类

其中，AxisBase 类主要定义了轴应具备的属性，例如颜色、粗细、位置、刻度、标签、最值等。XAxis 和 YAxis 继承自 AxisBase，并分别定义了 x 轴和 y 轴所应具备的属性，例如，x 轴的位置属性应是 TOP、BOTTOM、TOP_INSIDE、BOTTOM_INSIDE 或 BOTH_SIDED 中的一种；而 y 轴与 x 轴不同，其位置属性应为 LEFT 或 RIGHT。

AxisRenderer 类是绘制轴线的基类，其定义了绘制轴线所必备的属性和方法，例如用于绘制轴线、标签、辅助线、格点的几种画笔和对应的方法接口。XaxisRenderer 和 YAxisRenderer 继承自 AxisRenderer，实现了其中用于绘制的接口，真正实现了轴线的绘制。

3. 数据绘制

6.5.2 节曾经提到，针对不同类型的图表，需要不同的数据类去承载数据和属性。图 6-29 所示为折线图相关的数据类。

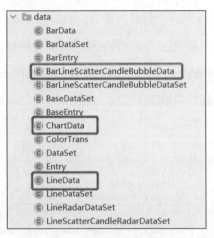

图 6-29 折线图相关的数据类

数据类的继承关系是 MPAndroidChart 中比较复杂的一部分内容，如在绘制折线图时需要使用到的 LineData 类，它的继承关系是：LineData→BarLineScatterCandleBubbleData→IBarLineScatterCandleBubbleDataSet→ChartData。看似以上三级继承关系并不算多，但是值得注意的是，在这其中需要实现的接口和泛型参数非常多，这些接口和泛型往往还能继续向下嵌套很多层。

下面我们分别介绍这些数据类。

ChartData 类是数据类的基类，在其中首先定义了数据的上界和下界分别是浮点数所能代表的最大值和最小值，同时该类提供了一些数据处理方法，如果发现任何数超过了上、下界，都将这些数强制赋值为上、下界，避免溢出带来的数据错误。同时这个类还提供了诸如查询数据点个数，查询数据 X、Y 值，查询标签，查询最大、最小值等数据查询方法。

BarLineScatterCandleBubbleData 和 LineData 分别是对 ChartData 的一次和二次封装，

本身并没有添加任何方法，只是通过实现接口与各种泛型参数对存入其中的数据格式加以限制。

在了解了各数据类之后，就可以进一步理解数据点和曲线是如何绘制到图表中的。图 6-30 所示为 LineChart 折线图的绘制类。其中，DataRenderer 是数据绘制的基类，实现了绘制数据、曲线、标签等抽象方法。以折线图为例，这些抽象方法将在 DataRenderer→BarLineScatterCandleBubbleRenderer→LineScatterCandleRadarRenderer→LineRadarRenderer→LineChartRenderer 这个继承路径中被逐步实现，最终由 LineChartRenderer 实现绘制折线图的全部能力。

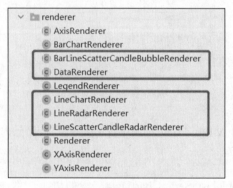

图 6-30　折线图的绘制类

第7章 综合应用实战——视频播放平台

随着移动互联网的发展、网络状态的改善、流量资费的下降以及智能手机的普及，富媒体应用慢慢走进人们的生活中。人们从文字走向视频、从抽象走向具体，孕育而生了一批新兴的主打视频播放的应用。

本章将介绍如何通过多个鸿蒙第三方组件快速开发一款基础功能齐全的视频播放平台。

7.1 视频播放平台的简介

视频播放平台具备视频播放的基本属性，可以让用户便捷安全地登录网站，流畅地浏览、选择、播放视频作品，随时切换界面、更改头像等。本章介绍的视频播放平台同时增添了扫码、平台流量动态统计等魅力属性，满足了用户播放站外视频、捕获平台热点的需求。

平台的上述功能都是使用第三方组件开发实现的，如图7-1所示，使用第二方组件开发具有以下优势。

- **开发便捷**。第三方组件的 har 包是开源的，可以直接下载使用。导入下载的 har 包后，只需要调用接口就可以使用组件提供的功能，减少了大量的基础功能开发工作。

- **代码较少**。第三方组件向外提供可用接口，其功能实现以 har 包的形式存在，应用整体代码结构清晰，代码量较少，如图 7-2 所示。

图 7-1　视频播放平台的第三方组件导入

Extension ▲	Count	Size SUM	Size MIN	Size MAX	Size AVG	Lines	Lines MIN	Lines MAX	Lines AVG	Lines CODE
bat (BAT files)	1x	2kB	2kB	2kB	2kB	103	103	103	103	78
gitignore (GITIGNORE files)	1x	0kB	0kB	0kB	0kB	1	1	1	1	1
gradle (GRADLE files)	1x	0kB	0kB	0kB	0kB	1	1	1	1	1
har (HAR files)	7x	554kB	8kB	193kB	79kB	4934	87	1583	704	4814
java (Java classes)	16x	54kB	0kB	13kB	3kB	1321	9	300	82	1095
json (JSON files)	2x	6kB	0kB	6kB	3kB	279	24	255	139	279
properties (Java properties)	3x	1kB	0kB	0kB	0kB	28	5	13	9	8
so (SO files)	6x	3,933kB	158kB	1,556kB	655kB	22591	804	9447	3765	21369
xml (XML configuration file)	15x	30kB	0kB	10kB	2kB	984	6	273	65	866
Total:	52x	4,584kB	171kB	1,782kB	746kB	30242	1040	11976	4869	

图 7-2　视频播放平台的代码量

　　下面我们会对图 7-1 中的多个第三方组件进行功能融合，开发一个可以运行在鸿蒙手机上的视频播放平台。

7.2　视频播放平台的搭建实现

　　该视频播放平台融合了多个第三方组件，其功能比大多数视频播放平台丰富，包含了扫码、流量统计、头像裁剪等，这些功能主要存在于以下几个界面中，各界面与视频播放平台的关系如图 7-3 所示。

- **登录界面**：该界面主要实现了用户身份验证、用户系统登录等功能。

- **主界面**：该界面主要实现了广告轮播、视频推荐、导航栏等功能。

- **视频播放界面**：该界面主要实现了视频播放与暂停、进度轮、留言区、留言刷新等功能。

- **个人中心界面**：该界面主要实现了更换头像、裁剪头像、个人资料展示等功能。

- **扫码界面**：该界面主要实现了扫码后快速获取视频链接的功能，为本平台的一大特色。

- **流量统计界面**：该界面主要实现了对视频平台的流量进行实时统计的功能。

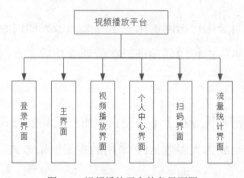

图 7-3 视频播放平台的各界面图

在项目中，视频播放平台的工程结构如图 7-4 所示。其中，左侧连接线分别连接着一个 Slice 和一个 Ability，二者共同组成一个界面，这些界面包括：登录界面、主界面、个人中心界面、视频播放界面和扫码界面。各界面之间跳转属于 Ability 之间的跳转。右侧连接线表示单独的 Slice，由 Slice 构成一个界面，这些界面包括：流量统计界面、图像选择界面和图像裁剪界面。其中，图像选择界面和图像裁剪界面在图 7-3 中个人中心界面中的头像修改功能中出现。各界面之间跳转属于 Slice 之间的跳转。

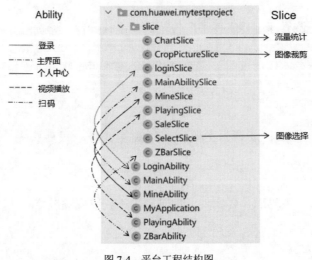

图 7-4 平台工程结构图

7.2.1 登录界面

视频平台的登录界面是用户访问的第一个界面，该界面内容涉及用户隐私，需要用户输入用户名和密码，然后进行滑动验证。在验证成功后，点击登录按钮即可完成登录的全部操作。

自定义的用户名和密码优点在于不强制获取用户的联系方式，因此不会使用户产生反感，这种方式目前已经成为大多数 APP 采用的主流登录方式。

滑动拼图验证采用第三方组件 SwipeCaptcha_ohos，其意义在于用户只有手动将滑块滑动到位置误差范围内才可以验证成功，从而有效防止机器人注册或爬虫的风险，还可以防止登录时对密码进行暴力破解以及因黑客恶意攻击导致服务器压力过大而崩溃的情况。

视频播放平台的登录界面如图 7-5 所示。

图 7-5 登录界面

登录界面可通过以下 4 个步骤来实现。

第 1 步：在 LoginAbility 文件中使用 onStart()方法获取 intent，然后通过 setMainRoute()方法调用 loginSlice 文件，实现用户在启动 APP 时直接进入登录界面的效果。

```
super.onStart(intent);
super.setMainRoute(loginSlice.class.getName());
```

第 2 步：在 ability_login.xml 文件中创建该界面的 UI 布局，其中包括 Text 组件（文本 "用户名" "密码"）、TextField 组件（显示 "请输入用户名" "请输入密码" 的文本框）和 Button 组件（"登录" 按钮）。

第 3 步：在 XML 文件中，在 "登录" 按钮（Button）上方建立滑动拼图验证组件 SwipeCaptcha_ohos 的布局（DirectionalLayout），具体实现如代码清单 7-1 所示。

代码清单 7-1　插入滑动拼图验证布局

```
<DirectionalLayout        //滑动验证组件
    ohos:id="$+id:puzzle"
```

```
      ohos:height="match_content"
      ohos:width="match_content"/>
  <Button                      //登录按钮
      ohos:id="$+id:login_button"
      ohos:width="120vp"
      ohos:height="35vp"
      ohos:background_element="$graphic:background_btn"
      ohos:text="登录"
      ohos:text_size="20fp"
      ohos:layout_alignment="horizontal_center"/>
```

然后在 loginSlice 中将滑动拼图验证组件 SwipeCaptcha_ohos 添加到布局中，具体实现如代码清单 7-2 所示。

代码清单 7-2　组件添加到 DirectionalLayout

```
//获取登录界面的布局
super.setUIContent(ResourceTable.Layout_ability_login);
//定义 DirectionalLayout 对象
DirectionalLayout directionalLayout=(DirectionalLayout)
findComponentById(ResourceTable.Id_puzzle);
//将滑动拼图验证组件添加到 directionalLayout 中
directionalLayout.addComponent(new puzzleLayout(this));
```

第 4 步：设置"登录"按钮的点击监听事件，实现点击后跳转至主界面 MainAbilitySlice。设置登录监听的具体实现如代码清单 7-3 所示。

代码清单 7-3　登录监听

```
login_button.setClickedListener(new Component.ClickedListener() {
      @Override
      public void onClick(Component component) {
          present(new MainAbilitySlice(),new Intent());
      }
});
```

7.2.2 主界面

主界面作为系统与用户之间最主要的交互界面，其任务是吸引用户的眼球，并向用户推荐感兴趣的视频。主界面的设计遵循美观的原则，从上到下依次被设计为轮播区、视频推荐区和导航栏区，如图 7-6 所示。

图 7-6   主界面

（1）轮播区

在主界面的顶端是轮播区，该区域使用的是轮播组件 Banner_ohos，此组件被广泛应用于广告推广等功能。其中，轮播区的左下角是标题，右下角是指示器，点击轮播区任意图片可进入广告详情页，如图 7-7 所示。当界面没有任何操作时，Banner_ohos 内部的图片依旧按照提前设定的时间间隔和顺序自动轮播，这是通过在主界面中将图片的播放方式设置为自动循环播放实现的。

下面使用简单的 3 行代码在主界面实现轮播组件自动循环播放，如代码清单 7-4 所示。具体流程是，首先创建 Banner_ohos 组件对象，然后设置监听器以便监听用户的点击事件，最后配置 Banner_ohos 组件的各种属性信息等。

图 7-7　广告详情页

代码清单 7-4　调用 Banner_ohos 组件

```
//调用 Banner_ohos 组件
//创建 Banner_ohos 组件对象
Banner banner = (Banner) findComponentById(ResourceTable.Id_banner);
//设置监听器
banner.setOnBannerListener(this);
...
//设置 Banner_ohos 组件对象的图片 list（广告图片）、介绍 title（广告文字介绍）以及其他属性信息
banner.setImages(list).setBannerTitles(title).setScaleType(3).setDelayTime(3000).
setBannerStyle(5).setTitleTextSize(60).start();
```

当然，在大功告成之前，还需要定义并填充一组广告背景图片和广告左下角标题的文字内容，具体实现如代码清单 7-5 所示。另外指示器的配置已经内置于 Banner_ohos 组件内，这里不做详细介绍。

代码清单 7-5　Banner_ohos 对象的图片 list

```
//介绍 title（广告文字介绍）
List<String> title=new ArrayList<String>(){{
```

```
    add("开源软件供应链重大基础设施启动仪式");
    add("数字中国建设峰会");
    add("开源软件供应链2020峰会成功举行");
    add("OpenHarmony2.0共建邀请会");
    add("中科院软件所欢迎你");
}};
```

（2）视频推荐区

在主界面的中部是视频推荐区，用于向用户推荐视频。该区域使用的是 ScrollView 控件，能够在有限的区域内通过滑动的方式显示更多的内容。ScrollView 控件中有多个图片（Image 控件）排列显示，每个 Image 控件表示一个推荐的视频，用户可以点击以进入视频播放界面，如图 7-8 所示。

图 7-8　视频推荐区跳转视频播放界面

下面准备处理图片点击事件，并进入视频播放界面。此功能需要通过为各图片设置监听器来实现，在点击事件中定义 Intent 对象 secondIntent，Intent 是对象之间传递信息的载体。当一个 AbilitySlice 需要导航到另一个 AbilitySlice 时，可以通过 Intent 指定启动的目标同时携带相关数据。

在主界面向视频播放界面跳转时，首先通过 Intent 中的 OperationBuilder 类构造 Operation 对象，指定设备标识（空串表示当前设备）、应用包名、Ability 名称。然后把 Operation 对象设置到 Intent 中，作为处理请求的对象，其会在相应的回调方法中接收请求方传递的 Intent 对象。最后由于 AbilitySlice 作为 Page 的内部单元，以 Action 的形式对外暴露，因此可以通过配置 Intent 的 Action 导航到目标 AbilitySlice，Page 间的导航我们通常使用 startAbility() 方法。点击图片进入视频播放界面的具体实现如代码清单 7-6 所示。

代码清单 7-6　点击图片进入视频播放界面

```
findComponentById(ResourceTable.Id_layout1).setClickedListener(new Component.
ClickedListener() {
    @Override
    public void onClick(Component Component) {
        Intent secondIntent = new Intent();
        secondIntent.setOperation(new Intent.OperationBuilder()
                .withBundleName("com.huawei.mytestproject")
                .withAbilityName("com.huawei.mytestproject.PlayingAbility")
                .build());
        startAbility(secondIntent);
    }
});
```

（3）导航栏区

在主界面的底端是导航栏区，导航栏中有"扫描""统计"和"我的"3 个选项，如图 7-9 所示。各选项中设置了点击监听，用户点击不同的选项进入不同的界面，点击"我的"进入个人中心界面（详见 7.2.4 节），点击"扫描"进入扫码界面（详见 7.2.5 节），点击"统计"进入流量统计界面（详见 7.2.6 节）。

图 7-9　导航栏区

7.2.3　视频播放界面

视频播放是本视频播放平台的核心功能，在主界面中点击视频推荐区任意视频后将自动跳转到视频播放界面。该界面的布局中有视频窗口、进度条、聊天室、开始/暂停按键、刷新按钮等，如图 7-10 所示。

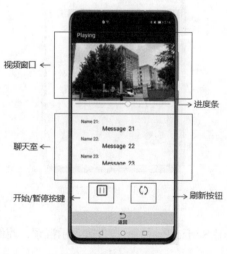

图 7-10　视频播放界面

视频播放功能主要由图 7-4 中的 PlayingSlice 类完成构建，除了包含视频显示、视频播放器和视频缓存这 3 个主要功能，为了给用户提供更好的播放体验，还拓展了进度控制、聊天室的功能。下面将具体解释各功能。

1.　视频显示

视频显示功能主要是为视频播放提供特定的控件，使视频播放的过程可视化。当用户进入视频播放界面后，若视频加载完成，视频播放控件会顺利播放视频，如图 7-10 所示；若视频加载未完成，该控件会处于隐藏状态，控件所在区域会出现加载动画，表示视频正在加载中，如图 7-11 所示。加载动画采用第三方组件 AVLoadingIndicatorView_ohos 中的 BallSpinFadeLoaderIndicator 动画来完成。当视频加载结束时，加载动画设置为隐藏，视频播放控件设置为显示，视频正常播放。

图 7-11　视频加载界面

视频正常播放时，使用 SurfaceProvider 控件来显示视频，控件具体的使用方法如代码清单 7-7 所示。

代码清单 7-7 视频显示

```
SurfaceProvider surfaceProvider;
...
surfaceProvider = (SurfaceProvider)findComponentById(ResourceTable.Id_surfaceprovider);
surfaceProvider.setVisibility(Component.HIDE);    //设置控件的可见性
surfaceProvider.getSurfaceOps().get().addCallback(this);
surfaceProvider.pinToZTop(true);
```

在代码清单 7-7 中，第 1、2 行代码用于从 XML 中获取 SurfaceProvider 组件；第 3 行代码用于设置组件可见性为默认隐藏状态；第 4 行代码给 SurfaceProvider 组件添加了 Callback（回调），目的是为了将组件和 7.2.3 节第 2 部分提到的视频播放器联系到一起，由于 PlayingSlice 类继承 Callback 类，因此括号里的参数为 this，表示对当前类的引用，Callback 主要内容如代码清单 7-8 所示。代码清单 7-7 中第 5 行代码用于将视频窗口设置在 AGP 容器组件（AGP container component）的顶层，确保视频的正常播放。

代码清单 7-8 Callback 主要内容

```
@Override
public void surfaceCreated(SurfaceOps surfaceOps) {
    player.setSurfaceOps(surfaceProvider.getSurfaceOps().get());
    player.prepare();
}
```

2.视频播放器

视频播放器用于在 SurfaceProvider 组件中播放用户感兴趣的视频，其功能是由鸿蒙操作系统的 Player 类来实现的。Player 类为开发者提供了控制视频播放状态的接口，如控制视频的播放、暂停、停止等。

在 7.2.3 节中，只有用户点击链接进入视频播放界面时，视频才会自动播放。在其他情况下，则通过视频播放界面上的按钮来调用 Player 类的不同接口，达到控制视频播放状态的目的。其中，播放和暂停两个按钮放在同一位置，分别控制视频的播放和暂停，返回按钮主要用于控制视频播放界面向主界面的跳转。当视频播放界面消失时，视频播放自然也会停止，按钮显示如图 7-12 所示。具体实现如代码清单 7-9 所示。

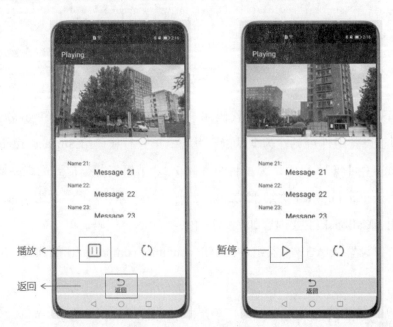

图 7-12　视频播放、暂停和返回

代码清单 7-9　视频播放、暂停和返回

```
Player player=new Player(this);    //实例化视频播放器对象
...
//播放按钮
findComponentById(ResourceTable.Id_play).setClickedListener(Component -> {
   player.play(); //视频播放
   ...
});

//暂停按钮
findComponentById(ResourceTable.Id_pause).setClickedListener(Component -> {
     player.pause();    //视频暂停
     ...
   });
```

```
//返回按钮（点击返回主界面）
findComponentById(ResourceTable.Id_tab_back).setClickedListener(new Component.
ClickedListener() {
    @Override
    public void onClick(Component component) {
        ...
        player.stop();//视频停止
        ...
    }
});
```

3. 视频缓存

视频在播放时，会同步执行缓存功能，以解决网速变化带来的视频播放不流畅问题。视频缓存功能使用了第三方组件 VideoCache_ohos，本组件实现视频缓存的原理已经在5.1 节讲解，此处不再赘述，只讲解在构建视频播放功能时使用该组件的过程。

首先需要创建一个 HttpProxyCacheServer 实例，并为该实例设置监听器 CacheListener()，该监听器可以监听视频下载的进度 percents，并用于本节第 4 部分的进度控制部分。通过 HttpProxyCacheServer 实例调用 getProxyUrl()方法，实现视频资源的缓存，其中 URL 为用户的视频链接，具体实现如代码清单 7-10 所示。

此处需要注意的是，在缓存文件未下载完成的情况下再次进入 APP，VideoCache_ohos 组件无法创建相同的缓存文件，视频将无法正常播放，所以在每次进入 APP 前需要清除缓存文件，确保 APP 重新启动。在 APP 未退出时，重新进入视频播放界面，视频会从头开始播放，但是 VideoCache_ohos 的缓存进度不会消失，并会在原基础上继续缓存。另外，在断网情况下，已经在 VideoCache_ohos 中缓存完成的视频是可以正常播放的。

代码清单 7-10 VideoCache_ohos 的使用过程

```
public static HttpProxyCacheServer mCacheServerProxy = null;
...
```

```
//缓存服务
if (mCacheServerProxy == null)
    mCacheServerProxy = new HttpProxyCacheServer(this); //实例化对象
    Revocable revocable =getGlobalTaskDispatcher(TaskPriority.DEFAULT).asyncDispatch
    (new Runnable() {
        @Override
        public void run() {
            //设置监听器
            mCacheServerProxy.registerCacheListener(new CacheListener() {
                @Override
                public void onCacheAvailable(File cacheFile, String url, int percentsAvailable) {
                    ...//此部分在本节第 4 部分详细描述
                }, URL);
            //设置播放的视频资源
            player.setSource(new Source(mCacheServerProxy.getProxyUrl(URL)));
            player.prepare();
            player.play();
        }
    });
```

4. 进度控制

进度条是用户在观看视频时经常使用的功能，通过拖动进度条，用户可以随意控制视频的播放进度。本节使用鸿蒙操作系统提供的 Slider 类来实现进度条相关功能。

Slider 类可以实现两个功能：滑动进度条调整视频进度、进度条显示视频进度和视频缓存进度。下面详细描述 Slider 类如何实现这两个功能。

（1）滑动进度条调整视频进度

首先，将 Slider 类的对象与组件关联，确定进度条的位置。然后，为 Slider 类的对象设置进度改变监听器 ValueChangedListener。最后，重写监听器中的 onProgressUpdated() 方法，当人为拖动进度条且拖动位置小于视频缓存位置时，该方法能及时获取进度条的变化，并将视频的播放进度更新到与进度条一致的状态。具体实现如代码清单 7-11 所示。

代码清单 7-11　滑动进度条调整视频进度

```
slider = (Slider) findComponentById(ResourceTable.Id_slider);
slider.setValueChangedListener(new Slider.ValueChangedListener() {
    @Override
    // slider 表示进度条，i 表示当前进度条的进度，b 表示是否为人工拖动。
    public void onProgressUpdated(Slider slider, int i, boolean b) {
        if (b && i < percents)
            player.rewindTo(player.getDuration() * (i-1) * 10); //更新播放进度
    }
    ...
});
```

（2）进度条显示视频进度和视频缓存进度

　　为更新进度条的两项进度，这里专门设立了一个可以改变 UI 的线程，该线程每秒循环一次。在线程中，调用 setViceProgress() 方法为进度条设置缓存进度。当缓存进度大于零时，计算当前的视频播放进度 player.getCurrentTime() / time，并通过 setProgressValue() 方法设置进度条的进度与视频播放进度一致。具体实现如代码清单 7-12 所示。

代码清单 7-12　进度条显示视频进度和视频缓存进度

```
Runnable run=new Runnable() {
    @Override
    public void run() {
        getUITaskDispatcher().asyncDispatch(new Runnable(){
            @Override
            public void run() {
                try {
                    slider.setViceProgress(percents); //percents 为缓存进度
                    if(percents>0){
                    //加载动画设为不可见
                    directionalLayout.setVisibility(Component.INVISIBLE);
                    //视频显示控件 SurfaceProvider 设为可见
```

```
            surfaceProvider.setVisibility(Component.VISIBLE);
            time=player.getDuration()/100;  //播放时长被 100 等分
            // player.getCurrentTime() / time 为当前的进度
            slider.setProgressValue(player.getCurrentTime() / time);
            }
        } finally {}
    }
});
    handler.postTask(this, 1000);
    }
};
```

5. 聊天室

聊天室可以使用户在观看视频的同时，分享个人的感受。聊天室包括两个部分：信息面板和刷新按钮，如图 7-13 所示。信息面板用于显示用户的 ID 信息和聊天信息；刷新按钮用于对当前的聊天信息进行实时的刷新。每次点击刷新按钮都会弹出一个加载动画，表示聊天信息正在加载中，如图 7-14 所示，加载完成后，信息面板显示最新的聊天信息。

图 7-13　重新进入界面

图 7-14 聊天室刷新

信息面板是通过在 ScrollView 组件中放了一个 ListContainer（列表容器）来实现的，ScrollView 允许组件内容在屏幕上滚动，ListContainer 为 ScrollView 提供可以滚动的内容，且内容需为 BaseItemProvider 类的对象。具体实现如代码清单 7-13 所示，首先创建 ArrayList 用于放置聊天信息（Name 和 Message），然后将 ArrayList 作为参数创建 SettingProvider 类的实例。SettingProvider 类继承自 BaseItemProvider 类，所以，聊天信息被顺理成章地放置到 ListContainer 中。

代码清单 7-13　设置信息面板中的内容

```
//设置聊天面板中的内容
private void setlist(int x,int y){    //x 和 y 表示聊天信息的行数
   ListContainer listContainer = (ListContainer) findComponentById(ResourceTable.Id_
   list_container); //ListContainer 组件
   //创建 ArrayList 放置聊天信息
   ArrayList<SettingItem> data = new ArrayList<>();
   //获取聊天信息
   for (int i = x; i <= y; i++) {
      data.add(new SettingItem(
            "Name " + i+":",
```

185

```
            "Message  "+i
    ));
  }
  //data 信息放置于 listContainer 中
  listContainer.setItemProvider(new SettingProvider(data, this));
  listContainer.invalidate(); //listContainer 更新
}
```

代码清单 7-13 中的 SettingItem 类为自定义的实体类，类的具体实现如代码清单 7-14 所示，其中 settingName 和 settingMessage 表示信息面板中的 nameX（名字）和 messageX（消息内容）。

代码清单 7-14　列表内容的实体类

```
class SettingItem {
  private String settingName;
  private String settingMessage;
  public SettingItem(String settingName,String settingMessage) {
    this.settingName = settingName;
    this.settingMessage = settingMessage;
  }
  public String getSettingName() {    // settingName 获取方法
    return settingName;
  }
  public String getSettingMessage() {// SettingMessage 获取方法
    return settingMessage;
  }
}
```

7.2.4　个人中心界面

个人中心界面类似于微信、QQ 等软件的个人资料界面，不仅展示登录用户的基本信息，如头像、账户名称、简介等，还支持更换和编辑头像。其中，更换和编辑头像功能体现了用户的个性化特征，能够提高用户辨识度，也提升了应用的完整性以及与用户交互的友好性。

个人中心界面入口位于主界面导航区的"我的"按钮，针对该按钮设置点击事件，点击即可触发 Ability 跳转，实现从主界面跳转到个人中心界面的效果，具体实现如代码清单 7-15 所示。

代码清单 7-15　从主界面跳转到个人中心界面

```
// "我的"按钮
findComponentById(ResourceTable.Id_tab_mine).setClickedListener(new Component.
ClickedListener() {
  @Override
  public void onClick(Component component) {
    present(new MineSlice(),new Intent());
  }
});
```

个人中心界面的相关功能实现主要使用的是 6.2 节的 uCrop_ohos 组件，工程中具体实现的文件为 MineSlice、MineAbility、SelectSlice 和 CropPictureSlice，文件位置如图 7-4 所示。此界面包含 1 个图像控件、3 个用于显示用户名称和个性签名的文本框，以及 1 个返回按钮，如图 7-15 所示。

图 7-15　个人中心界面

　　用户在点击头像后,首先进入图片选择界面,此时可以选取一张图片并对图片进行编辑,如裁剪或旋转等操作。编辑完成后,头像位置会出现一个刷新图标,点击此图标即可刷新显示新头像,如图 7-16 所示。

图 7-16　刷新图标

　　接下来讲解一下如何通过应用第三方组件 uCrop_ohos,使用最简洁的代码实现这些复杂的功能。

　　在个人中心界面 MineSlice 的 onStart()方法中,通过设置头像组件的点击监听事件,使用 Intent 界面跳转方式,即可实现点击后跳转到图像选择界面 SelectSlice,具体实现如代码清单 7-16 所示。

代码清单 7-16　跳转到图像选择界面

```
image.setClickedListener(new Component.ClickedListener() {
  @Override
  public void onClick(Component component) {
    present(new SelectSlice(), new Intent()); //跳转到图像选择界面
    vis = false;
  }
});
```

从图片选择界面 SelectSlice 点击某个具体的图片，通过点击监听事件跳转到图片裁剪界面 CropPictureSlice。具体实现如代码清单 7-17 所示。

代码清单 7-17　跳转到图片裁剪界面

```
image.setClickedListener(new Component.ClickedListener() {
    @Override
    public void onClick(Component component) {
        Intent intent = new Intent();
        intent.setUri(uri);
        present(new CropPictureSlice(),intent);
    }
});
```

刷新功能用于显示最新的头像，具体实现如代码清单 7-18 所示。

代码清单 7-18　刷新功能

```
@Override
public void onClick(Component component) {
    Intent secondIntent = new Intent();
    secondIntent.setOperation(new Intent.OperationBuilder()
            .withBundleName("com.huawei.mytestproject")
            .withAbilityName("com.huawei.mytestproject.MineAbility")
            .build());
    startAbility(secondIntent);
    vis=false;
}
```

返回按钮用于控制从个人中心界面跳转到主界面，具体实现如代码清单 7-19 所示。

代码清单 7-19　从个人中心界面跳转到主界面

```
//返回按钮
findComponentById(ResourceTable.Id_tab_back).setClickedListener(new Component.
ClickedListener() {
    @Override
```

```
public void onClick(Component component) {
    if(flag==true){
       Intent secondIntent = new Intent();
       secondIntent.setOperation(new Intent.OperationBuilder()
               .withBundleName("com.huawei.mytestproject")
               .withAbilityName("com.huawei.mytestproject.MainAbility")
               .build());
       startAbility(secondIntent);
    }
    else MineSlice.super.terminate();
    vis=false;
  }
});
```

7.2.5　扫码界面

扫码界面的主要功能是扫码播放，该功能是本应用的魅力属性之一，用户可通过相机扫描视频条形码播放平台以外的视频源。扫码界面入口位于主界面导航区的"扫描"按钮，针对该按钮设置点击事件，点击即可触发 Ability 跳转，实现从主界面跳转到扫码界面的效果，具体实现如代码清单 7-20 所示。

代码清单 7-20　从主界面跳转到扫码界面

```
//扫描按钮
findComponentById(ResourceTable.Id_tab_zbar).setClickedListener(new Component.
ClickedListener() {
  @Override
  public void onClick(Component component) {
     Intent secondIntent = new Intent();
     secondIntent.setOperation(new Intent.OperationBuilder()
            .withBundleName("com.huawei.mytestproject")
            .withAbilityName("com.huawei.mytestproject.ZBarAbility")
            .build());
     startAbility(secondIntent);
  }
});
```

扫码播放功能的实现主要使用的是 6.3 节的 Zbar-ohos 组件，工程中具体实现扫码播放功能的文件为 ZBarAbility 和 ZBarSlice，文件位置如图 7-4 所示。

扫码界面包含一个显示控件和一个返回按钮，如图 7-17 所示。显示控件 SurfaceProvider 用于显示相机捕获的数据，具体的使用方法请见 5.3.2 节；返回按钮用于控制从扫码界面跳转到主界面。当相机扫描到视频源的条形码时，会在扫描区下方显示视频链接网址，用户将此网址复制到浏览器，即可打开对应视频，具体实现如代码清单 7-21 所示。

图 7-17 扫码界面

代码清单 7-21　从扫码界面跳转到主界面

```
//返回按钮
findComponentById(ResourceTable.Id_tab_back).setClickedListener(new Component.
ClickedListener() {
    @Override
    public void onClick(Component component) {
        if (mcamera != null) {
            mcamera.stopLoopingCapture();
            mcamera.release();
```

```
        mcamera = null;
    }
    ZBarSlice.super.terminate();
  }
});
```

7.2.6　流量统计界面

流量统计界面的主要功能是进行平台流量统计,该功能是本应用的另一个魅力属性,可用于统计平台的用户访问量、各类作品的数量、用户自己发布视频的访问量等信息。由于本应用只是模拟应用,不存在真实的数据库,因此此处显示的数据均以随机数代替,但其功能不会受到影响。

流量统计界面入口位于主界面导航区的“统计”按钮,针对该按钮设置点击事件,点击即可触发 Ability 跳转,实现从主界面跳转到流量统计界面的效果,具体实现如代码清单 7-22 所示。

代码清单 7-22　从主界面跳转到流量统计界面

```
//统计按钮
findComponentById(ResourceTable.Id_tab_charting).setClickedListener(new Component.
ClickedListener() {
  @Override
  public void onClick(Component component) {
    present(new ChartSlice(),new Intent());
  }
});
```

平台流量统计功能的实现主要使用的是 6.5 节的 MPChart_ohos 组件。在工程中,实现该功能的文件为 ChartSlice(),文件位置如图 7-4 所示。

流量统计界面包含一个组件和两个按钮,如图 7-18 所示。组件用于绘制统计图表(具体的使用方法请见 5.5.2 节)。两个按钮分别是返回按钮和刷新按钮:返回按钮用于控制从扫码界面跳转到主界面；刷新按钮用于图表绘制数据的重新导入，即重新绘制图表。两个按钮功能的具体实现如代码清单 7-23 所示。当应用获取了真正的用户信息并且存入数据库时，图表数据可以实时刷新，需要说明的是此处的刷新按钮仅是为了演示功能。

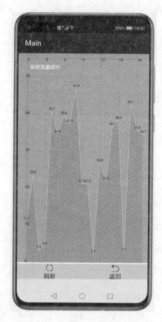

图 7-18　流量统计界面

代码清单 7-23　刷新按钮和返回按钮

```
//刷新按钮
findComponentById(ResourceTable.Id_tab_fr).setClickedListener(new Component.
ClickedListener() {
    @Override
    public void onClick(Component component) {
        present(new ChartSlice(),new Intent());
        setData(20, 50);
    }
});

//返回按钮
findComponentById(ResourceTable.Id_tab_back).setClickedListener(new Component.
ClickedListener() {
```

```
@Override
public void onClick(Component component) {
    Intent secondIntent = new Intent();
    secondIntent.setOperation(new Intent.OperationBuilder()
            .withBundleName("com.huawei.mytestproject")
            .withAbilityName("com.huawei.mytestproject.IndexAbility")
            .build());
    startAbility(secondIntent);
  }
});
```